算法
训练营

进阶篇 （全彩版）

陈小玉◎著

感受仁若3年大的乐
享受克服快乐的生活

陈小玉

电子工业出版社
Publishing House of Electronics Industry
北京·BEIJING

内 容 简 介

本书图文并茂、通俗易懂，详细讲解数据结构和算法进阶知识，并融入大量的竞赛实例和解题技巧，可帮助读者领悟数据结构和算法的精髓，并熟练应用其解决实际问题。

本书总计 8 章。第 1 章讲解数据结构进阶知识，涉及分块算法和跳跃表；第 2 章讲解字符串算法进阶知识，涉及 AC 自动机和后缀数组；第 3 章讲解树上操作，涉及树链剖分、点分治和边分治；第 4 章讲解复杂树，涉及 KD 树、左偏树、动态树和树套树；第 5 章讲解可持久化数据结构，涉及可持久化线段树和可持久化字典树；第 6 章讲解图论算法进阶知识，涉及 EK 算法、Dinic 算法、ISAP 算法、二分图匹配、最大流最小割和最小费用最大流；第 7 章讲解动态规划进阶知识，涉及背包问题进阶知识和树形 DP 进阶知识；第 8 章讲解复杂动态规划及其优化，涉及数位 DP、插头 DP、斜率优化和四边不等式优化。

本书面向对数据结构和算法感兴趣的读者，无论是想扎实内功或参加算法竞赛的学生，还是想进入名企的求职者，抑或是想提升核心竞争力的在职人员，都可以参考本书。若想系统学习数据结构和算法，则可参考《算法训练营：入门篇》（全彩版）和《算法训练营：提高篇》（全彩版）。

图书在版编目（CIP）数据

算法训练营. 进阶篇 / 陈小玉著. -- 北京 ： 电子
工业出版社，2025. 4. -- ISBN 978-7-121-49884-8

Ⅰ. TP301.6

中国国家版本馆 CIP 数据核字第 2025NM6078 号

责任编辑：张国霞

印　　　刷：北京缤索印刷有限公司

装　　　订：北京缤索印刷有限公司

出版发行：电子工业出版社

　　　　　北京市海淀区万寿路 173 信箱　　邮编 100036

开　　本：720×1000　　1/16　　印张：18　　字数：365.76 千字

版　　次：2025 年 4 月第 1 版

印　　次：2025 年 4 月第 1 次印刷

印　　数：2500 册　　定价：128.00 元

凡所购买电子工业出版社图书有缺损问题，请向购买书店调换。若书店售缺，请与本社发行部联系，联系及邮购电话：（010）88254888，88258888。

质量投诉请发邮件至 zlts@phei.com.cn，盗版侵权举报请发邮件至 dbqq@phei.com.cn。

本书咨询联系方式：faq@phei.com.cn。

前　言

　　目前，信息技术已被广泛应用于互联网、金融、航空、军事、医疗等各个领域，未来的应用将更加广泛和深入。并且，很多中小学都开设了计算机语言课程，越来越多的中小学生对编程、算法感兴趣，甚至在 NOIP、NOI 等算法竞赛中大显身手，进入名校深造。对信息技术感兴趣的大学生通常会参加 ACM-ICPC、CCPC、蓝桥杯等算法竞赛，其获奖者更是被各大名企所青睐。

　　学习算法，不仅可以帮助我们具备较强的思维能力及解决问题的能力，还可以帮助我们快速学习各种新技术，拥有超强的学习能力。

写作背景

　　很多读者都觉得算法太难，市面上晦涩难懂的各种教材更是"吓退"了一大批读者。实际上，算法并没有我们想象中那么难，反而相当有趣。

　　每当有学生说看不懂某个算法的时候，笔者就会建议其画图。画图是学习算法最好的方法，因为它可以把抽象难懂的算法展现得生动形象、简单易懂。笔者曾出版《算法训练营：海量图解+竞赛刷题》（入门篇）和《算法训练营：海量图解+竞赛刷题》（进阶篇），很多读者非常喜欢其中的海量图解，更希望看到这两本书的全彩版。经过一年的筹备，笔者对上述书中的所有图片都重新进行了绘制和配色，并精选、修改、补充和拆分上述书中的内容，形成了《算法训练营：入门篇》（全彩版）、《算法训练营：提高篇》（全彩版）和《算法训练营：进阶篇》（全彩版），本书就是其中的《算法训练营：进阶篇》（全彩版）。在此衷心感谢各位读者的大力支持！

　　本书详细讲解数据结构和算法进阶知识，还增加了可持久化数据结构方面的内容。本书不是知识点的堆砌，也不是粘贴代码而来的简单题解，而是将知识点讲解和对应的竞赛实例融会贯通，读者可以在轻松阅读本书的同时进行刷题实战，在实战中体会算法的妙处，感受算法之美。

学习建议

学习算法的过程，应该是通过大量实例充分体会遇到问题时该如何分析：用什么数据结构，用什么算法和策略，算法复杂度如何，是否有优化的可能，等等。这里有以下几个建议。

第 1 个建议：学经典，多理解。

算法书有很多，初学者最好选择图解较多的入门书，当然，也可以选择多本书，从多个角度进行对比和学习。先看书中的图解，理解各种经典问题的求解方法，如果还不理解，则可以看视频讲解，理解之后再看代码，尝试自己动手上机运行。如有必要，则可以将算法的求解过程通过图解方式展示出来，以加深对算法的理解。

第 2 个建议：看题解，多总结。

在掌握书中的经典算法之后，可以在刷题网站上进行专项练习，比如练习贪心算法、分治算法、动态规划等方面的题目。算法比数据结构更加灵活，对同一道题目可以用不同的算法解决，算法复杂度也不同。如果想不到答案，则可以看题解，比较自己的想法与题解的差距。要多总结题目类型及最优解法，找相似的题目并自己动手解决问题。

第 3 个建议：举一反三，灵活运用。

通过专项刷题做到"见多识广"，总结常用的算法模板，熟练应用套路，举一反三，灵活运用，逐步提升刷题速度，力争"bug free"（无缺陷）。

本书特色

本书具有以下特色。

（1）完美图解，通俗易懂。本书对每个算法的基本操作都有全彩图解。通过图解，许多问题都变得简单，可迎刃而解。

（2）实例丰富，简单有趣。本书结合了大量竞赛实例，讲解如何用算法解决实际问题，使复杂难懂的问题变得简单有趣，可帮助读者轻松掌握算法知识，体会其中的妙处。

（3）深入浅出，透析本质。本书透过问题看本质，重点讲解如何分析和解决问题。本书采用了简洁易懂的代码，对数据结构的设计和算法的描述全面、细致，而且有算法复杂度分析及优化过程。

（4）实战演练，循序渐进。本书在讲解每个算法后都进行了实战演练，使读者在实战中体会算法的设计思路和使用技巧，从而提高独立思考、动手实践的能力。书中有丰富的练习题和竞赛题，可帮助读者及时检验对所学知识的掌握情况，为从小问题出发且逐步解决大型复杂性工程问题奠定基础。

（5）网络资源，技术支持。本书为读者提供了配套源码、课件、视频，并提供了博客、微信群、QQ 群等技术支持途径，可随时为读者答疑解惑。

建议和反馈

写书是极其琐碎、繁重的工作，尽管笔者已经竭力使本书内容、网络资源和技术支持接近完美，但仍然可能存在很多漏洞和瑕疵。欢迎读者反馈关于本书的意见，因为这有利于我们改进和提高，以帮助更多的读者。如果对本书有意见和建议，或者有问题需要帮助，则都可以加入 QQ 群 281607840，也可以致信 rainchxy@126.com 与笔者交流，笔者将不胜感激。

对于本书提供的读者资源，可参照本书封底的"读者服务"信息获取。

致谢

感谢笔者的家人和朋友在本书写作过程中提供的大力支持。感谢电子工业出版社工作严谨、高效的张国霞编辑，她的认真、负责促成了本书的早日出版。感谢中国计算机学会常务理事李轩涯老师的帮助。感谢码蹄集平台的大力支持。感谢提供了宝贵意见的同事们。感谢提供了技术支持的同学们。感恩遇到这么多良师益友！

目　录

第 1 章

数据结构进阶

树状数组和线段树虽然用起来非常方便，但维护的信息必须满足信息合并特性（如区间可加、可减），若不满足此特性，则需要考虑用其他算法。本章讲解一些实用算法，比如分块算法和跳跃表。

1.1 分块算法

分块算法的原理是将所有数据都分为若干块，维护块内的信息，使得块内查询的时间复杂度为 $O(1)$，而总查询时间可被看作这若干块的查询时间总和。分块算法是优化后的暴力算法，可以解决几乎所有区间更新和区间查询问题，可以维护一些线段树维护不了的内容，但效率比线段树要低一些。

分块算法将长度为 n 的序列分为若干块，每块都有 k 个元素，最后一块可能少于 k 个元素。通常将块的大小设为 $k=\sqrt{n}$，用 pos[i] 表示第 i 个元素所属的块，对每块都进行信息维护。分块算法可用于解决以下问题。

- 单点更新：首先下传对应块的懒标记，然后暴力更新块的状态，时间复杂度为 $O(\sqrt{n})$。
- 区间更新：若区间更新横跨若干块，则对中间完全覆盖的块做懒标记，逐项（暴力）更新两端的元素。中间最多有 $\sqrt{n}$ 块，遍历每块的时间复杂度都为 $O(1)$，更新两端的元素需要 $O(\sqrt{n})$ 次，总时间复杂度为 $O(\sqrt{n})$。
- 区间查询：和区间更新类似，对中间完全覆盖的块直接用块存储的信息查询答案，逐项查询两端的元素，总时间复杂度为 $O(\sqrt{n})$。

分块算法秘籍：遵循"大段维护、局部朴素"的原则，对中间完全覆盖的块做懒标记或查询，逐项更新或查询两端的元素。

1.1.1 预处理

（1）将序列分块，并用 L[i]和 R[i]标记每块的左、右端点，对最后一块需要做特殊处理。例如，n=10，$t=\sqrt{n}=3$，每 3 个元素为 1 块，一共分为 4 块，最后一块只有 1 个元素。

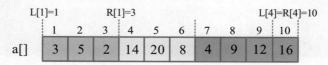

算法代码：

```
t=sqrt(n*1.0);      //每块的元素数量
int num=n/t;        //块的数量
if(n%t)  num++;     //有剩余的元素，将其放入最后一块
for(int i=1;i<=num;i++){
    L[i]=(i-1)*t+1;//标记每块的左、右端点
    R[i]=i*t;
}
R[num]=n;  //标记最后一块的右端点
```

（2）用 pos[]数组标记每个元素所属的块，用 sum[]数组存储每块的和。

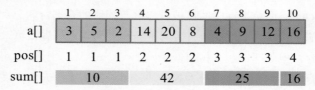

算法代码：

```
for(int i=1;i<=num;i++){
    for(int j=L[i];j<=R[i];j++){
        pos[j]=i;  //标记第j个元素属于第i块
        sum[i]+=a[j];//计算第i块的和
    }
}
```

1.1.2 区间更新

用分块算法将[l, r]区间的每个元素都加上 d，过程如下。

（1）求解 l 和 r 所属的块，p=pos[l]，q=pos[r]。

（2）若 l 和 r 属于同一块（p=q），则逐项更新[l, r]区间的元素，同时更新该块的和。

（3）若 *l* 和 *r* 不属于同一块（*p*≠*q*），则对中间完全覆盖的块做懒标记，add[*i*]+=*d*，逐项更新两端的元素，并更新两端的块的和。

例如，将[3,8]区间的每个元素都加上 5，过程如下。

（1）求解 3 和 8 所属的块，*p*=pos[3]=1，*q*=pos[8]=3。

（2）3 和 8 不属于同一块（*p*≠*q*），对中间完全覆盖的块做懒标记，add[2]+=5；对两端的元素（下标为 3、7、8）进行逐项更新（将每个元素都加上 5），并更新两端的块的和，sum[1]=10+5=15，sum[3]=25+5×2=35。

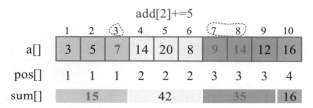

算法代码：

```
void change(int l,int r,long long d){//区间更新，将[l,r]区间的每个元素都加上 d
    int p=pos[l],q=pos[r];//读取所属的块
    if(p==q){ //属于同一块
        for(int i=l;i<=r;i++)//暴力更新
            a[i]+=d;
        sum[p]+=d*(r-l+1);//更新块的和
    }
    else{ //不属于同一块
        for(int i=p+1;i<=q-1;i++)//对中间完全覆盖的块做懒标记
            add[i]+=d;
        for(int i=l;i<=R[p];i++)//暴力更新左端的元素
            a[i]+=d;
        sum[p]+=d*(R[p]-l+1); //更新左端的块的和
        for(int i=L[q];i<=r;i++)//暴力更新右端的元素
            a[i]+=d;
        sum[q]+=d*(r-L[q]+1);//更新右端的块的和
    }
}
```

1.1.3 区间查询

用分块算法查询[*l*, *r*]区间元素的和，过程如下。

（1）求解 *l* 和 *r* 所属的块，*p*=pos[*l*]，*q*=pos[*r*]。

（2）若 *l* 和 *r* 属于同一块（*p*=*q*），则逐项累加[*l*, *r*]区间的元素，并加上懒标记的值。

（3）若 l 和 r 不属于同一块（$p \neq q$），则首先对中间完全覆盖的块累加元素的和及懒标记的值，然后对两端的元素逐项累加元素的值及懒标记的值。

例如，查询[2,7]区间元素的和，过程如下。

（1）求解 2 和 7 所属的块，$p=pos[2]=1$，$q=pos[7]=3$。

（2）2 和 7 不属于同一块（$p \neq q$），对中间完全覆盖的块累加元素的和及懒标记的值，ans+=sum[2]+add[2]×(R[2]−L[2]+1)=42+5×3=57；对两端的元素逐项累加元素的值及懒标记的值，懒标记 add[1]=add[3]=0，ans+=5+7+add[1]×(3−2+1)+9+add[3]×(7−7+1)= 78。

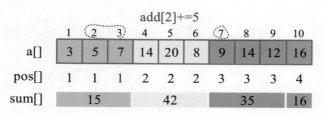

算法代码：

```
long long query(int l,int r){//区间查询，查询[l,r]区间元素的和
    int p=pos[l],q=pos[r];
    long long ans=0;
    if(p==q){ //属于同一块
        for(int i=l;i<=r;i++)//累加元素的值
            ans+=a[i];
        ans+=add[p]*(r-l+1); //累加懒标记的值
    }
    else{ //不属于同一块
        for(int i=p+1;i<=q-1;i++)//对中间完全覆盖的块累加元素的和及懒标记的值
            ans+=sum[i]+add[i]*(R[i]-L[i]+1);
        for(int i=l;i<=R[p];i++) //左端累加元素的值
            ans+=a[i];
        ans+=add[p]*(R[p]-l+1); //左端累加懒标记的值
        for(int i=L[q];i<=r;i++)//右端累加元素的值
            ans+=a[i];
        ans+=add[q]*(r-L[q]+1); //右端累加懒标记的值
    }
    return ans;
}
```

✏️ **训练 1　超级马里奥**

题目描述（HDU4417）：可怜的公主陷入困境，马里奥需要拯救公主。把通往城堡的道路视为一条线（长度为 n），在每个整数点 i 上都有一块高度为 h_i 的砖，马里奥

跳起的最大高度是 h，求解他在$[l, r]$区间可以跳过多少块砖。

　　输入：第 1 行为整数 T，表示测试用例的数量。每个测试用例的第 1 行都为 2 个整数 n 和 m（$1 \leqslant n, m \leqslant 10^5$），分别表示道路长度和查询数量。下一行为 n 个整数，表示每块砖的高度。接下来的 m 行，每行都为 3 个整数 l、r、h（$0 \leqslant l \leqslant r < n$，$0 \leqslant h \leqslant 10^9$）。

　　输出：对于每个测试用例，都输出 "Case x:"（x 是从 1 开始的测试用例编号），后跟 m 行，每行都为 1 个整数。第 i 个整数是第 i 个查询中马里奥可以跳过的砖数。

输入样例	输出样例
1	Case 1:
10 10	4
0 5 2 7 5 4 3 8 7 7	0
2 8 6	0
3 5 0	3
1 3 1	1
1 9 4	2
0 1 0	0
3 5 5	1
5 5 1	5
4 6 3	1
1 5 7	
5 7 3	

　　题解：本题查询$[l, r]$区间小于或等于 h 的元素的数量，可以用分块算法解决。

1．算法设计

　　（1）分块。划分块并对每块都进行非递减排序。在辅助数组 temp[]上排序，原数组不变。

　　（2）查询。查询$[l, r]$区间小于或等于 h 的元素的数量。

- 若该区间属于同一块，则逐项累加该区间小于或等于 h 的元素的数量。
- 若该区间的块数较多，则累加中间每块小于或等于 h 的元素的数量，此时可以首先用 upper_bound()函数统计，然后逐项累加左端和右端小于或等于 h 的元素的数量。

2．完美图解

　　根据测试用例的输入数据，分块算法的求解过程如下。

　　（1）分块。$n=10$，$t=\sqrt{n}=3$，每 3 个元素为 1 块，一共分为 4 块，第 4 块只有 1 个元素。原数组 a[]和每块排序后的辅助数组 temp[]如下图所示。

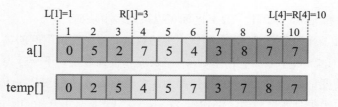

（2）查询。194：因为题目中的元素下标从 0 开始，上图中的元素下标从 1 开始，所以实际上是查询[2,10]区间小于或等于 4 的元素的数量。[2,10]区间跨 4 块，未完全包含左端第 1 块，需要逐项统计 a[2]、a[3]中小于或等于 4 的元素。后面 3 块是完整的块，对完整的块可以直接用 upper_bound()函数在辅助数组 temp[]中统计小于或等于 4 的元素。

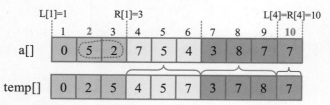

3. 算法实现

upper_bound(begin,end,num)是 C++ STL 中的函数，用于在[begin,end)区间二分查找第 1 个大于 num 的元素，若找到，则返回该元素的地址，否则返回 end。将返回的地址减去初始地址 begin，即可得到[begin,end)区间小于或等于 num 的元素的数量。

```cpp
void build(){  //分块
    int t=sqrt(n);  //每块的元素数量
    int num=n/t;    //块数
    if(n%num) num++;
    for(int i=1;i<=num;i++)  //标记每块的左、右端点
        L[i]=(i-1)*t+1,R[i]=i*t;
    R[num]=n;
    for(int i=1;i<=n;i++)  //标记每个元素所属的块
        belong[i]=(i-1)/t+1;
    for(int i=1;i<=num;i++)
        sort(temp+L[i],temp+1+R[i]);//对每块都进行排序（非递减）
}

int query(int l,int r,int h){  //查询在[l,r]区间有多少个元素小于或等于h
    int ans=0;
    if(belong[l]==belong[r]){  //属于同一块
        for(int i=l;i<=r;i++)  //逐项累加
            if(a[i]<=h) ans++;
    }
```

```
else{ //不属于同一块
    for(int i=l;i<=R[belong[l]];i++)//逐项累加左端小于或等于h的元素的数量
        if(a[i]<=h) ans++;
    for(int i=belong[l]+1;i<belong[r];i++)//二分查找中间完整的块
        ans+=upper_bound(temp+L[i],temp+R[i]+1,h)-temp-L[i];
    for(int i=L[belong[r]];i<=r;i++)//逐项累加右端小于或等于h的元素的数量
        if(a[i]<=h) ans++;
}
return ans;
}
```

训练 2　序列操作

题目描述（HDU5057）：有由 n 个非负整数组成的序列 a[1],a[2],…,a[n]，对该序列进行 m 次操作。操作形式：①S $x\,y$，将 a[x] 的值设置为 y（a[x]=y）；②Q $l\,r\,d\,p$，查询[l,r]区间第 d 位是 p 的元素的数量，l 和 r 是序列的索引。注意：最低位是第 1 位。

输入：第 1 行为 1 个整数 T，表示测试用例的数量。每个测试用例的第 1 行都为 2 个整数 n 和 m，第 2 行为 n 个整数 a[1],a[2],…,a[n]。接下来为 m 行操作，若操作的类型为 S，则在 S 后跟着 2 个整数 x、y；若操作的类型为 Q，则在 Q 后跟着 4 个整数 l、r、d、p。其中：$1 \leq T \leq 50$，$1 \leq n,m \leq 10^5$，$0 \leq a[i] \leq 2^{31}-1$，$1 \leq x \leq n$，$0 \leq y \leq 2^{31}-1$，$1 \leq l \leq r \leq n$，$1 \leq d \leq 10$，$0 \leq p \leq 9$。

输出：对于每次 Q 操作，都单行输出答案。

输入样例	输出样例
1	5
5 7	1
10 11 12 13 14	5
Q 1 5 2 1	0
Q 1 5 1 0	1
Q 1 5 1 1	
Q 1 5 3 0	
Q 1 5 3 1	
S 1 100	
Q 1 5 3 1	

题解：根据测试用例的输入数据，原序列如下图所示。

	1	2	3	4	5
	10	11	12	13	14

- Q 1 5 2 1：查询到[1,5]区间第 2 位是 1 的元素有 5 个。
- Q 1 5 1 0：查询到[1,5]区间第 1 位是 0 的元素有 1 个。
- Q 1 5 1 1：查询到[1,5]区间第 1 位是 1 的元素有 1 个。

- Q 1 5 3 0：查询到[1,5]区间第 3 位是 0 的元素有 5 个。
- Q 1 5 3 1：查询到[1,5]区间第 3 位是 1 的元素有 0 个。
- S 1 100：将第 1 个元素修改为 100，如下图所示。

- Q 1 5 3 1：查询到[1,5]区间第 3 位是 1 的元素有 1 个。

本题涉及点更新和区间查询。进行区间查询时，需要查询[l, r]区间第 d 位是 p 的元素的数量，对此可以用分块算法解决。

1．算法设计

（1）分块。划分块，统计每块每位上元素的数量。block[i][j][k]表示第 i 块第 j 位是 k 的元素的数量。

（2）查询。查询[l, r]区间第 d 位是 p 的元素的数量。

- 若该区间属于同一块，则逐项累加该区间第 d 位是 p 的元素的数量。
- 若该区间包含多个块，则首先累加中间每块 i 的 block[i][d][p]，然后逐项累加左端和右端第 d 位是 p 的元素的数量。

（3）更新。将 a[x]的值更新为 y。因为原来 x 所属的块已统计了 a[x]每位上元素的数量，所以此时需要减去 a[x]的统计数量，再增加新值 y 的统计数量即可。

2．算法实现

```
int a[maxn],belong[maxn],L[maxn],R[maxn],block[400][12][12],n,m;
//block[i][j][k]表示第i块第j位是k的元素的数量
int ten[11]={0,1,10,100,1000,10000,100000,1000000,10000000,100000000,1000000000};
void build(){ //分块
    int t=sqrt(n);//每块的元素数量
    int num=n/t; //块数
    if(n%t) num++;
    for(int i=1;i<=num;i++){
        L[i]=(i-1)*t+1;//标记每块的左、右端点
        R[i]=i*t;
    }
    R[num]=n;
    for(int i=1;i<=n;i++)
        belong[i]=(i-1)/t+1;//标记第i个元素所属的块
    for(int i=1;i<=n;i++){ //统计每块第j位是k的元素的数量
        int temp=a[i];
        for(int j=1;j<=10;j++){ //最多10位数，1<=D<=10
            block[belong[i]][j][temp%10]++;
            //所属的块是belong[i]，第j位上的数是temp%10
```

```
                temp/=10;
        }
    }
}

int query(int l,int r,int d,int p){//查询[l,r]区间第d位是p的元素的数量
    int ans=0;
    if(belong[l]==belong[r]){ //属于同一块
        for(int i=l;i<=r;i++)//逐项累加第d位是p的元素的数量
            if((a[i]/ten[d])%10==p)
                ans++;
        return ans;
    }
    for(int i=belong[l]+1;i<belong[r];i++)//累加中间的块
        ans+=block[i][d][p];
    for(int i=l;i<=R[belong[l]];i++){//左端逐项累加第d位是p的元素的数量
        if((a[i]/ten[d])%10==p)
            ans++;
    }
    for(int i=L[belong[r]];i<=r;i++){//右端逐项累加第d位是p的元素的数量
        if((a[i]/ten[d])%10==p)
            ans++;
    }
    return ans;
}

void update(int x,int y){//将a[x]的值更新为y
    for(int i=1;i<=10;i++){//原来的统计数量减少
        block[belong[x]][i][a[x]%10]--;
        a[x]/=10;
    }
    a[x]=y;
    for(int i=1;i<=10;i++){//新值的统计数量增加
        block[belong[x]][i][y%10]++;
        y/=10;
    }
}
```

1.2 跳跃表

在有序顺序表中可以进行二分查找，查找操作的时间复杂度为 $O(\log n)$，插入、删除操作的时间复杂度为 $O(n)$。但是在有序链表中不可以进行二分查找，查找、插入和删除操作的时间复杂度均为 $O(n)$。

有序链表如下图所示，若查找 8，则必须从 1 开始，依次比较 8 次才能查找成功。

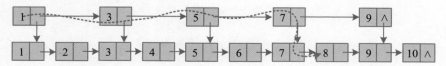

那么，如何利用链表的有序性提高查找效率呢？如何在一个有序链表中进行二分查找呢？

若增加一级索引，把奇数位序作为索引，如下图所示，假设查找 8，则可以从索引开始进行比较，依次比较 1、3、5、7、9，8 比 7 大但比 9 小，向下一层，继续向后比较，比较 6 次即可查找成功。

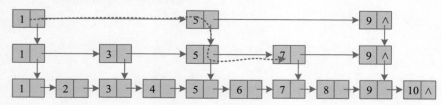

若再增加一级索引，把索引层的奇数位序作为索引，如下图所示，假设查找 7，则可以从索引开始进行比较，依次比较 1、5、9，7 比 5 大但比 9 小，向下一层，继续向后比较，比较 4 次即可查找成功。

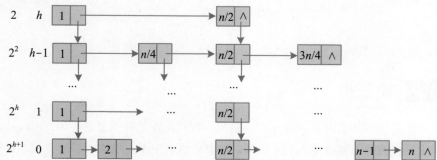

在增加两级索引后，假设查找 5，则比较两次即可查找成功；若查找比 5 大的数，则以 5 为界向后查找；若查找比 5 小的数，则以 5 为界向前查找。这就是一个可以进行二分查找的有序链表。

算法分析：若有 n 个元素，则增加 h 级索引后的数据结构如下图所示。

节点数 层数

2 h 1 —————→ $n/2$ ∧

2^2 $h-1$ 1 —— $n/4$ —— $n/2$ ——→ $3n/4$ ∧

⋯ ⋯ ⋯ ⋯

2^h 1   1 ——→ ⋯ $n/2$ ⋯

2^{h+1} 0   1 → 2 ⋯ $n/2$ ⋯ $n-1$ → n ∧

底层包含所有元素（n 个），即 $2^{h+1}=n$，层数索引 $h=\log n-1$。查找时，首先在顶层的索引中查找，然后进行二分查找，最多从顶层查找到底层，最多有 $O(\log n)$ 层，查找操作的时间复杂度为 $O(\log n)$。

增加索引需要一些辅助空间，那么索引一共有多少个节点呢？从上图中可以看出，每层索引的节点之和都为 $2+2^2+\cdots+2^h=2^{h+1}-2=n-2$，空间复杂度为 $O(n)$。实际上，索引节点并不是由原节点复制而来的，只是附加了一些指针索引。这正是跳跃表的实现原理。

跳跃表是有序链表的扩展，简称"跳表"，它在有序链表中增加了多级索引，通过索引来实现快速查找，本质上是一种可以进行二分查找的有序链表。跳跃表是一种性能比较优秀的动态数据结构，Redis 中的有序集合 Sorted Set 和 LevelDB 中的 MemTable 都是用跳跃表实现的。

其实，跳跃表并不是简单地通过奇、偶次序建立索引的，而是通过随机技术实现的。假设跳跃表每层的晋升概率都是 1/2，则最理想的索引就是在原始链表中每隔一个元素抽取一个元素作为一级索引，当然，也可以在原始链表中随机选择 $n/2$ 个元素作为一级索引。当原始链表中的元素数量足够多且抽取足够随机时，得到的索引是相对均匀的，对查找效率影响不大。所以随机选择 $n/2$ 个元素作为一级索引，随机选择 $n/4$ 个元素作为二级索引，随机选择 $n/8$ 个元素作为三级索引，以此类推，一直到顶层的索引。

跳跃表通过索引不仅可以提高查找效率，还可以提高插入和删除效率。平衡二叉查找树在进行插入、删除操作后需要多次调整平衡，而跳跃表完全依靠随机技术，其性能和平衡二叉查找树不相上下，但是原理非常简单。

1.2.1 跳跃表的结构体定义

对每个节点都设置向右、向下指针，也可以附加向左、向上指针，创建四联表。通过四联表，可以快速地在上、下、左、右这四个方向访问前驱和后继。在此仅设置向右指针，对每个节点都定义一个后继指针数组，按层次实现向下访问。

```
typedef struct Node{//跳跃表的结构体
    int val; //数据元素
    struct Node *forward[MAX_LEVEL];//后继指针数组
}*Nodeptr;
Nodeptr head,updata[MAX_LEVEL];//head 为头指针，updata[]数组记录访问路径上每层的最高节点
int level;//跳跃表的层次
```

初始时附加一个头节点，层次为 0，数据元素为负无穷大，所有后继指针都为空。

```
void Init(){//初始化头节点
    level=0;
    head=new Node;
    for(int i=0;i<MAX_LEVEL;i++)
        head->forward[i]=NULL;
    head->val=-INF;
}
```

1.2.2 查找

在跳跃表中查找元素 x，需要从顶层的索引开始逐层查找，过程如下。

（1）从顶层 S_h 的头节点开始。

（2）假设当前位置为 p，p 的后继节点的值为 y，若 $x=y$，则查找成功；若 $x>y$，则 p 后移一位，继续查找；若 $x<y$，则 p 下移一位，继续查找。

（3）若到达底层还要下移，则查找失败。

例如，如下图所示，在一个跳跃表中查找元素 36。首先从顶层（第 3 层）的头节点开始查找，比 20 大，向后为空，p 下移到第 2 层；比下一个元素 50 小，p 下移到第 1 层；比下一个元素 30 大，p 右移；比下一个元素 50 小，p 下移到第 0 层；与下一个元素 36 相等，查找成功。

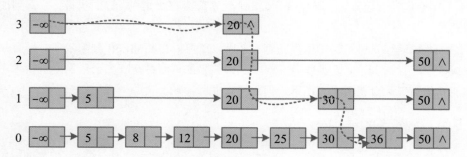

算法代码：

```
Nodeptr Find(int val){//查找元素 val
    Nodeptr p=head;
    for(int i=level;i>=0;i--){//从顶层开始查找
        while(p->forward[i]&&p->forward[i]->val<val)
            p=p->forward[i];
        updata[i]=p;//记录在查找过程中经过的每层的最大节点的位置
    }
    return p; //p 指向小于 val 的最大元素的位置
}
```

1.2.3 插入

在跳跃表中插入一个元素，相当于在某个位置插入一列。可以通过查找确定插入元素的位置，通过随机化方法确定插入的列的层次。

通过随机化方法确定插入的列的层次：①初始时 lay=0，可设定晋升概率 P 为 0.5 或 0.25；②用随机函数产生 $0\sim1$ 的随机数 r；④若 r 小于 P 且 lay 小于最大层次，则 lay+1；否则返回 lay，作为插入的列的层次。若列的层次为 lay，则该列有 lay 个节点。

```
int RandomLevel(){//随机产生插入的列的层次
    int lay=0; //rand()产生的随机数范围是 0～RAND_MAX
    while((float)rand()/RAND_MAX<P&&lay<MAX_LEVEL-1)
        lay++;
    return lay;
}
```

在 Redis 的 skiplist 中，P=0.25，MAX_LEVEL=32，节点的层次至少为 0。0 层包含所有节点，晋升概率为 P，未晋升的概率为 $1-P$，节点的层次恰好等于 0 的概率为 $1-P$；节点的层次大于或等于 1 的概率为 P，节点的层次恰好等于 1 的概率为 $P(1-P)$；节点的层次大于或等于 2 的概率为 P^2，节点的层次恰好等于 2 的概率为 $P^2(1-P)$；节点的层次大于或等于 3 的概率为 P^3，节点的层次恰好等于 3 的概率为 $P^3(1-P)$；以此类推，如下图所示。

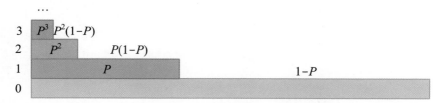

由于节点的层次是通过随机化方法产生的，所以很容易得出：第 0 层链表有 n 个节点，第 1 层链表有 $n\times P$ 个节点，第 2 层链表有 $n\times P^2$ 个节点，以此类推。

随机化方法和前面按奇、偶次序建立索引的方法是等效的。也可以用 rand()%2 模拟投掷硬币，晋升概率逐层减半（相当于 P=0.5）。若 rand()%2 为奇数，则层次加 1，直到 rand()%2 为偶数时停止，此时得到的层次就是插入的列的层次。

```
int RandomLevel(){//随机产生插入的列的层次
    int lay=0; //rand()产生的随机数范围是 0～RAND_MAX
    while(rand()%2&&lay<MAX_LEVEL-1)
        lay++;
    return lay;
}
```

在跳跃表中插入元素，过程如下。

（1）查找插入位置，在查找过程中用 updata[i] 记录经过的每层的最大节点的位置。

（2）通过随机化方法得到插入的列的层次 lay。

（3）创建新节点，将层次为 lay 的列插入 updata[i] 之后。

例如，如下图所示，在一个跳跃表中插入元素 32。首先在该跳跃表中查找元素 32，在查找过程中用 updata[i] 记录经过的每层的最大节点的位置。假设通过随机化方法得到插入的列的层次为 2，则 i 为 0~2，将新节点插入 updata[i] 之后。

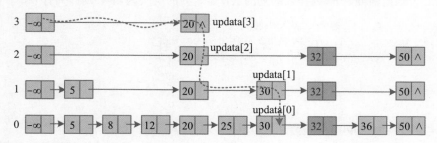

算法代码：

```
void Insert(int val){//插入元素 val
    Nodeptr p,s,s1;
    int lay=RandomLevel();//随机生成插入的列的层次
    if(lay>level)  //若插入的列的层次大于跳跃表的层次，则更新跳跃表的层次为 lay
        level=lay;
    p=Find(val); //查找元素 val
    s=new Node;//创建一个新节点
    s->val=val;
    for(int i=0;i<MAX_LEVEL;i++)//初始化新节点的后继指针为空
        s->forward[i]=NULL;
    for(int i=0;i<=lay;i++){//插入操作，将新节点插入 updata[i]之后
        s->forward[i]=updata[i]->forward[i];
        updata[i]->forward[i]=s;
    }
}
```

1.2.4　删除

在跳跃表中删除一个元素时，需要删除该元素所在的列。

算法步骤：

（1）查找该元素，在查找过程中用 updata[i] 记录经过的第 i 层的最大节点的位置，即第 i 层待删除节点的前一个元素的位置。

（2）若查找成功，则用 updata[i] 删除该元素所在的列。

（3）若有多余的空链，则删除空链。

例如，如下图所示，在一个跳跃表中删除元素 20。首先在该跳跃表中查找元素 20，在查找过程中用 updata[*i*] 记录经过的每层的最大节点的位置，然后用 updata[*i*] 将每层的元素 20 删除。

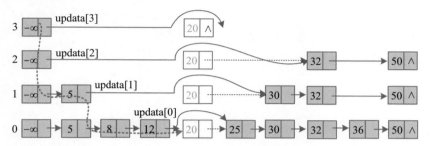

在上图中，删除元素 20 所在的列后，顶层的链为空链，删除空链，跳跃表的层次减 1。

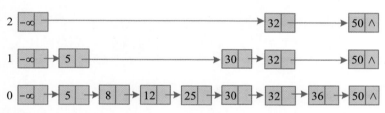

算法代码：

```
void Delete(int val){//删除元素 val
    Nodeptr p=Find(val);//查找元素 val
    if(p->forward[0]&&p->forward[0]->val==val){//查找成功
        printf("%d\n",p->forward[0]->val);
        for(int i=level;i>=0;i--){//删除操作，删除整列
            if(updata[i]->forward[i]&&updata[i]->forward[i]->val==val)
                updata[i]->forward[i]=updata[i]->forward[i]->forward[i];
        }
        while(level>0&&!head->forward[level])//删除空链
            level--;
    }
}
```

算法分析：在跳跃表中通过随机化方法确定节点的层次时，查找、插入、删除操作的时间复杂度均为 $O(\log n)$，在最坏情况下为 $O(n)$，不过出现最坏情况的概率极低。

✎ 训练 1 第 *k* 大的数

题目描述（HDU4006）：小明和小宝正在玩数字游戏。游戏有 *n* 轮，小明在每轮游戏中都可以写一个数，或者询问小宝第 *k* 大的数是什么（第 *k* 大的数指有 *k*–1 个数比它大）。游戏格式：I c，表示小明写了一个数 c；Q，表示小明询问小宝第 k 大的数是什么。请对小明的每次询问都输出第 k 大的数。

输入：输入多个测试用例。每个测试用例的第 1 行都为 2 个正整数 n 和 k（$1 \leqslant k \leqslant n \leqslant 10^6$），分别表示 n 轮游戏和第 k 大的数。之后的 n 行，格式为 I c 或 Q。

输出：对于每次询问 Q，都单行输出第 k 大的数。

输入样例	输出样例
8 3	1
I 1	2
I 2	3
I 3	
Q	
I 5	
Q	
I 4	
Q	

提示：当写下的数少于 k 个时，小明不会询问小宝第 k 大的数是什么。

1. 算法设计

本题查询第 k 大的数，有以下两种解法。

- 优先队列：在优先队列中存储最大的 k 个数，队头刚好是第 k 大的数。若优先队列中的元素不少于 k 个，且当前输入的元素大于队头，则队头出队，当前元素入队。对于询问，输出队头即可。
- 跳跃表：第 k 大，即第 total$-k+1$ 小，total 为元素总数。

2. 算法实现

1）查询第 k 小的元素

如何在跳跃表中查询第 k 小的元素呢？对每个节点都增加一个域 sum[i]，记录从当前节点到下一个节点的元素数量即可。

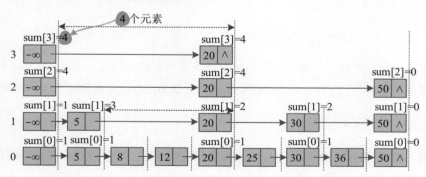

算法步骤：

（1）指针 p 指向跳跃表的头节点，从跳跃表的顶层向下逐层判断。

（2）执行循环，若指针 p 不为空且 p->sum[i]小于 k，则 k 减去 p->sum[i]，指针 p 后移一位指向其后继；否则进入下一层。

（3）直到最后一层处理完毕，此时指针 p 的后继就是第 k 小的元素。

完美图解：

例如，如下图所示，在一个跳跃表中查询第 6 小的元素，过程如下。

（1）$i=3$，$k=6$，p=head，p->sum[3]=4<k，$k=k$–p->sum[3]=6–4=2，指针 p 后移一位指向节点 20，此时 p->sum[3]=4>k，进入下一层。

（2）$i=2$，p->sum[2]=4>k，进入下一层。

（3）$i=1$，p->sum[1]=2≥k，进入下一层。

（4）$i=0$，p->sum[0]=1<k，$k=2-1=1$，指针 p 后移一位指向节点 25，此时 p->sum[0]=1≥k，已到底层，无法进入下一层，算法结束。此时指针 p 的后继 30 就是第 6 小的元素。

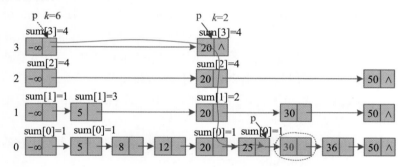

算法代码：

```
int Get_kth(int k){//查找第 k 小的元素
    Nodeptr p=head;
    for(int i=level;i>=0;i--){//从顶层开始查找
        while(p&&p->sum[i]<k)
            k-=p->sum[i],p=p->forward[i];
    }
    return p->forward[0]->val;//返回第 k 小的元素
}
```

2）查找小于 val 的元素的数量

在跳跃表中查找小于 val 的元素的数量，在查找过程中用 tot[i]记录从第 i 层的开始位置到当前节点的节点数。

算法步骤：

（1）指针 p 指向跳跃表的头节点，从跳跃表的顶层向下逐层判断。

（2）执行循环，若指针 p 的后继小于 val，则 tot[i] 累加 p->sum[i]，指针 p 后移一位；否则令 tot[i−1]=tot[i]，用 updata[i] 记录经过的第 i 层的最大节点的位置 updata[i]=p，进入下一层。

（3）直到最后一层处理完毕，此时指针 p 指向比 val 小的最大元素，tot[0] 表示小于 val 的元素的数量。

完美图解：

例如，如下图所示，在一个跳跃表中查询小于 20 的元素的数量，过程如下。

（1）i=3，指针 p 的后继为 20，不小于 20，令 tot[2]=tot[3]，updata[3]=p，进入下一层。

（2）i=2，指针 p 的后继为 20，不小于 20，令 tot[1]=tot[2]，updata[2]=p，进入下一层。

（3）i=1，指针 p 的后继为 5，小于 20，tot[1]+=p->sum[1]=1，指针 p 后移一位指向元素 5，指针 p 的后继为 20，不小于 20，令 tot[0]=tot[1]，updata[1]=p，进入下一层。

（4）i=0，指针 p 的后继为 8，小于 20，tot[0]+=p->sum[0]=2，指针 p 后移一位指向元素 8；指针 p 的后继为 12，小于 20，tot[0]+=p->sum[0]=3，指针 p 后移一位指向元素 12；指针 p 的后继为 20，不小于 20，此时 i=0，不再赋值 tot[i−1]，否则下标越界，updata[0]=p，算法结束。

（5）指针 p 指向节点 20 的前一个节点（若查找失败，则会指向小于它的最大节点），tot[0] 等于 3，表示小于 20 的元素的数量为 3。

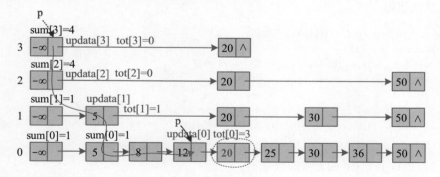

算法代码：

```
int Find(int val){//查找小于 val 的元素的数量
    Nodeptr p=head;
```

```
    tot[level]=0;
    for(int i=level;i>=0;i--){//从顶层开始查找
        while(p->forward[i]&&p->forward[i]->val<val)
            tot[i]+=p->sum[i],p=p->forward[i];
        if(i>0)
            tot[i-1]=tot[i];
        updata[i]=p;//记录在查找过程中经过的每层的最大节点的位置
    }
    return tot[0];//返回小于 val 的元素的数量
}
```

3）插入元素

在跳跃表中插入元素时，除了要查找插入位置，还要更新 sum[]数组。在插入元素后，元素总数 total++。

算法步骤：

（1）通过随机化方法得到待插入节点的层次 lay，若 lay 大于跳跃表的层次 level，则更新头节点的 level+1～lay 层，head->sum[i]=total，total 为跳跃表的元素总数，并更新 level=lay。

（2）通过查找得到小于 val 的元素的数量，在查找过程中记录 tot[]数组和 updata[]数组。

（3）创建新节点 s 并初始化，将新节点插入每层的 updata[i]之后，并更新 s->sum[i] 和 updata[i]->sum[i]。

（4）若 lay<level，则更新 lay+1～level 层的 updata[i]->sum[i]。

完美图解：

例如，一个跳跃表如下图所示。

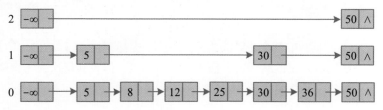

在该跳跃表中插入元素 20，过程如下。

（1）通过随机化方法得到插入节点的层次 lay=3，因为 lay 大于该跳跃表的层次 level，所以更新该跳跃表头节点的层次为 3，head->sum[3]=total=7。

（2）通过查找得到小于 20 的元素的数量，在查找过程中记录 tot[]数组和 updata[]数组。

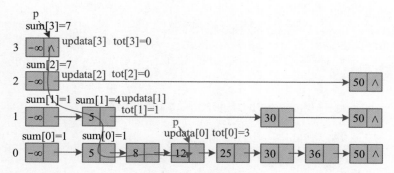

（3）创建新节点 *s* 并初始化，将新节点插入每层的 updata[] 数组之后，并更新 *s*-> sum[*i*]和 updata[*i*]->sum[*i*]。

```
s->sum[i]=updata[i]->sum[i]-(tot[0]-tot[i]);
updata[i]->sum[i]-=s->sum[i]-1;
```

- *i*=3：*s*->sum[3]=7−（3−0)=4，updata[3]->sum[3]=7−4+1=4。
- *i*=2：*s*->sum[2]=7−（3−0)=4，updata[2]->sum[2]=7−4+1=4。
- *i*=1：*s*->sum[1]=4−（3−1)=2，updata[1]->sum[1]=4−2+1=3。
- *i*=0：*s*->sum[0]=1−（3−3)=1，updata[0]->sum[0]=1−1+1=1。

插入元素的过程如下图所示。

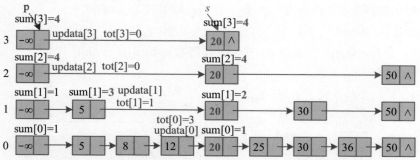

可以动手试试看，在该跳跃表中插入一个新元素，假设其层次大于该跳跃表的层次。

算法代码：

```
void Insert(int val){
    Nodeptr p,s;
    int lay=RandomLevel();//随机生成插入的节点的层次
    if(lay>level){//插入的节点的层次大于该跳跃表的层次
        for(int i=level+1;i<=lay;i++)
            head->sum[i]=total;
        level=lay;
    }
```

```
Find(val); //查询
s=new Node;//创建一个新节点
s->val=val;
for(int i=0;i<MAX_LEVEL;i++){
    s->forward[i]=NULL;
    s->sum[i]=0;
}
for(int i=0;i<=lay;i++){//插入操作
    s->forward[i]=updata[i]->forward[i];
    updata[i]->forward[i]=s;
    s->sum[i]=updata[i]->sum[i]-(tot[0]-tot[i]);
    updata[i]->sum[i]-=s->sum[i]-1;
}
for(int i=lay+1;i<=level;i++)
    updata[i]->sum[i]++;
}
```

训练 2　郁闷的出纳员

题目描述（**P1486**）：有一个郁闷的出纳员，他负责统计员工的工资，但老板经常把每位员工的工资都加上或减去一个相同的值。一旦某位员工发现工资低于工资下限，他就会立刻辞职。每次有员工辞职，出纳员都要删去该员工的工资档案；每次新进员工，出纳员都要为该员工新建一个工资档案。开始时公司里一个员工也没有。老板经常询问现在第 k 多的工资是多少。

输入：第 1 行为 2 个非负整数 n 和 min，n 表示命令的数量，min 表示工资下限。接下来的 n 行，每行都表示 1 条命令，其中：I k 命令表示新建一个工资档案，工资为 k；A k 命令表示把每位员工的工资都加上 k；S k 命令表示把每位员工的工资都减去 k；F k 命令表示查询第 k 多的工资。

输出：对于每条 F 命令，都输出 1 行，仅为 1 个整数，表示第 k 多的工资，若 k 大于当前员工的数量，则输出 –1。最后一行输出 1 个整数，表示辞职员工的总数。

输入样例	输出样例
9 10	10
I 60	20
I 70	-1
S 50	2
F 2	
I 30	
S 15	
A 5	
F 1	
F 2	

题解：本题求解第 k 大的数，可以转换为求解第 total$-k+1$ 小的数，用线段树、平衡二叉树、跳跃表均可解决。

1. 算法设计

（1）可以设置一个全局变量 add 记录增加的工资，增加工资 k 时，直接 add$+=k$ 即可。

（2）插入新员工的工资 k 时，若 k 大于或等于 min，则将 $k-$add 插入跳跃表，员工总数 total$++$。

（3）扣除工资 k 时，add$-=k$。本题要求删除所有小于 min 的元素，因为跳跃表中的元素都是减 add 后存储的，所以删除所有小于 min$-$add 的元素即可。在跳跃表中查询小于 min$-$add 的元素的数量 sum，删除所有小于 min$-$add 的元素。辞职员工数 ans$+=$sum，员工总数 total$-=$sum。

（4）查询第 k 大的数时，若 k 大于 total，则输出-1，否则查询第 total$-k+1$ 小的数，加上 add 后输出。

2. 删除小于 min$-$add 的所有元素

在训练1中已经讲解了如何查询第 k 小的数，这里重点讲解如何删除小于 min$-$add 的所有元素。

（1）通过查找得到小于 min$-$add 的元素的数量，在查询过程中记录 tot[] 数组和 updata[] 数组。

（2）将头节点的后继指针指向 updata[i] 的后继节点，这样就删除了所有小于 min$-$add 的元素。

（3）删除后需要更新 head$->$sum[i]，若有空链，则删除空链。

完美图解：

例如，如下图所示，在一个跳跃表中删除小于 20 的所有元素，过程如下。

（1）查找小于 20 的元素的数量。

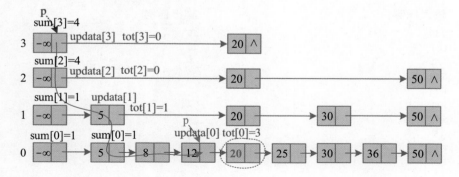

（2）删除小于 20 的所有元素。头节点的后继指针跳过这些节点指向 updata[*i*]的后继即可。

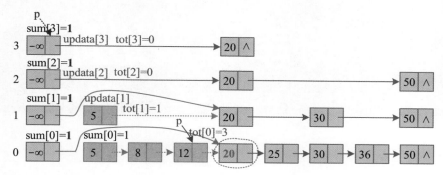

可以动手试试看，删除该跳跃表中小于 30 的所有元素。

算法代码：

```
int Delete(int val){//删除小于 val 的所有元素，在调用时传参，val=min-add
    int sum=Find(val);//查找小于 val 的元素的数量
    for(int i=0;i<=level;i++){//删除操作
        head->forward[i]=updata[i]->forward[i];
        head->sum[i]=updata[i]->sum[i]-(tot[0]-tot[i]);
    }
    while(level>0&&!head->forward[level])//删除空链
        level--;
    return sum;
}
```

第 2 章
字符串算法进阶

2.1 AC 自动机

AC 自动机是著名的多模匹配算法。在学习 AC 自动机之前，首先要了解 KMP 和字典树（Trie）。KMP 是单模匹配算法，用于判断模式串 T 是否是主串 S 的子串。例如，有模式串 $T_1,T_2,T_3,\cdots,T_k$，求解主串 S 包含所有模式串的次数。若用 KMP 算法，则每个模式串 T_i 都要与主串 S 进行一次匹配，总时间复杂度为 $O(n \times k+m)$，其中 n 为主串 S 的长度，m 为模式串 $T_1,T_2,T_3,\cdots,T_k$ 的长度之和，k 为模式串的数量。而用 AC 自动机，总时间复杂度仅为 $O(n+m)$。

AC 自动机是由字典树及失配指针组成的。在创建 AC 自动机时，首先将多个模式串创建为一棵字典树，然后在字典树上添加失配指针。在 AC 自动机创建完成后，将主串在 AC 自动机上进行模式匹配即可。失配指针相当于 KMP 算法中的 next()函数（匹配失败时的回退位置），可帮助 AC 自动机实现多模匹配。

2.1.1 创建字典树

字典树就像我们平时用的字典，把所有单词都编排到一个字典里面，在查找某个单词时，首先看该单词的首字符，进入首字符所在的分支，然后看该单词的第 2 个字符，接着进入相应的分支，假设该单词在字典树上存在，则只花费单词长度的时间就可以查找到该单词。

创建字典树指将所有模式串都插入字典树，可以用数组或链表存储字典树。在插入一个字符串时，需要从前向后遍历整个字符串。从字典树的根开始，判断当前要插入的字符节点是否已经建成，若已经建成，则沿该分支遍历下一个字符即可；若未建成，则需要首先创建一个新节点来表示这个字符，然后往下遍历其他字符，直到将整个字符串处理完毕。

假设有单词 she、he、his、hers，创建一棵字典树，如下图所示。

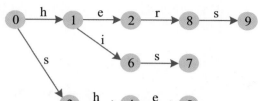

算法代码：

```
struct node{//节点的结构体
    node *fail;  //失配指针
    node *ch[K]; //K 为分支数
    int count; //单词数
    node(){
        fail=NULL;
        memset(ch,NULL,sizeof(ch));
        count=0;
    }
};
node *superRoot,*root;//超根，根。为处理方便，添加超根，根为其孩子
void insert(char* str) {//在字典树上插入字符串 str
    node *t=root; //从根开始
    int len=strlen(str);
    for(int i=0;i<len;i++){//处理字符串的每个字符
        int x=str[i]-'a'; //字符转数字
        if(t->ch[x]==NULL)
            t->ch[x]=new node;//生成新节点
        t=t->ch[x];
    }
    t->count++; //当前节点的字符串数加 1
}
```

2.1.2　创建 AC 自动机

KMP 算法中的 next()函数用于计算 S[i]与 T[j]不等时 j 应该回退的位置。如下图所示，当 S[i]与 T[j]不等时，j 应该回退到 3 的位置，继续比较。

$$
\begin{array}{l}
\qquad\qquad\quad i\\
\text{S[]} \quad \textcircled{a}\ b\ a\ a\ b\ a\ a\ b\ e\ c\ a\\
\text{T[]} \quad a\ b\ a\ a\ b\ e\\
\qquad\qquad\qquad\quad j
\end{array}
\qquad
\begin{array}{l}
\qquad\qquad\qquad\qquad\quad i\\
\text{S[]} \quad a\ b\ a\ a\ b\ a\ a\ b\ e\ c\ a\\
\text{T[]} \qquad\qquad a\ b\ a\ a\ b\ e\\
\qquad\qquad\qquad\qquad\qquad\quad j
\end{array}
$$

AC 自动机的失配指针有同样的功能，模式串在字典树上匹配失败时，会跳转到当前节点的失配指针所指向的节点，继续进行匹配操作。在字典树创建完成后再给每个节点都添加失配指针，AC 自动机就创建完成了。添加失配指针后的字典树如下图所示。

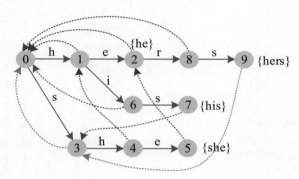

在 AC 自动机中，失配指针指向的节点所代表的字符串是当前节点代表的字符串的最长后缀。在上图中，节点 5 的失配指针指向节点 2（字符串"he"），它是节点 5（字符串"she"）在字典树上的最长后缀。

创建 AC 自动机实际上就是添加失配指针。由于失配指针都是向上走的，所以从根开始进行广度优先搜索。创建 AC 自动机的过程如下。

（1）根入队。

（2）若队列不为空，则取队头元素 t 并将其出队，访问该元素的每个孩子 t->ch[i]。有以下两种情况。

- 第 1 种情况：t->ch[i]不为空，t->ch[i]的失配指针指向 t->fail->ch[i]，t->ch[i]入队。
- 第 2 种情况：t->ch[i]为空，t->ch[i]指向 t->fail->ch[i]。

在第 1 种情况下会形成平行四边形，在第 2 种情况下会形成三角形。例如，节点 4 的孩子 e（节点 5）不为空，令节点 4 的孩子 e 的失配指针指向其失配指针（节点 1）的孩子 e（节点 2）。节点 1、2、4、5 形成一个平行四边形。节点 5 的孩子 r 为空，令节点 5 的孩子 r 指向其失配指针（节点 2）的孩子 r（节点 8）。节点 2、5、8 形成一个三角形，如下图所示。

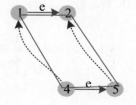

（3）队空时，算法结束。

```
void build_ac(){//创建 AC 自动机
    queue<node*> q;//队列，进行广度优先搜索时需要用到队列
    q.push(root);
    while(!q.empty()){
        node *t;
        t=q.front();
        q.pop();
        for(int i=0;i<K;i++){
            if(t->ch[i]){
                t->ch[i]->fail=t->fail->ch[i];
                q.push(t->ch[i]);
            }
            else
                t->ch[i]=t->fail->ch[i];
        }
    }
}
```

2.1.3　模式匹配

模式匹配指从根开始处理模式串的每个字符，从当前字符的指针 fail 一直遍历到 u->count=-1 时为止，在遍历过程中累加这些节点的 u->count，累加后将节点标记为 u->count=-1，避免重复统计。u->count 大于或等于 1 的节点都是可以匹配的节点。

```
int query(char *str) {//统计在 str 中包含多少个单词
    int ans=0;
    node *t=root;
    int len=strlen(str);
    for(int i=0;i<len;i++){
        int x=str[i]-'a';//将字符转换为数字
        t=t->ch[x];
        for(node *u=t;u->count!=-1;u=u->fail){
            ans+=u->count;//累加单词数
            u->count=-1;//清除单词数，避免重复统计
        }
    }
    return ans;
}
```

例如，在字符串"shers"中包含多少个单词？从字典树的根开始，首先匹配第 1 个字符's'，然后匹配第 2 个字符'h'，接着匹配第 3 个字符'e'，匹配成功"she"，节点 5 的失配指针指向节点 2，又匹配成功"he"；继续匹配第 4 个字符'r'，节点 5 的孩子 r 指向其失配指针的孩子 r，访问节点 8，继续匹配第 5 个字符's'，匹配成功"hers"；字符串

匹配完毕，包含 3 个单词。

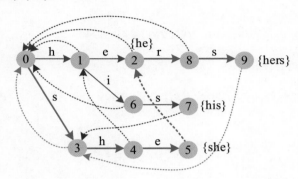

✏️ **训练 1　病毒侵袭**

题目描述（HDU2896）：小明收集了很多病毒特征码和一些诡异网站的源码，想知道在这些网站中有哪些是带病毒的，带了什么病毒，还想知道自己收集了多少个带病毒的网站。

输入：第 1 行为 1 个整数 n（$1 \leqslant n \leqslant 500$），表示病毒特征码的数量。接下来的 n 行，每行都为 1 个病毒特征码，病毒特征码的字符串长度为 20～200。病毒编号为 1～ n，不同编号的病毒特征码不同。在这之后一行有 1 个整数 m（$1 \leqslant m \leqslant 1\,000$），表示网站的数量。接下来的 m 行，每行都为 1 个网站源码，网站源码的字符串长度为 7\,000～10\,000，网站编号为 1～m。

输出：每行都输出 1 个带病毒网站的信息，将病毒编号从小到大依次按以下格式输出：

web 网站编号: 病毒编号 1 病毒编号 2……

total: x（提示：x 为带病毒网站的数量，冒号后有一个空格）。

输入样例	输出样例
3	web 1: 1 2 3
aaa	total: 1
bbb	
ccc	
2	
aaabbbccc	
bbaacc	

题解：本题查询在网站源码中是否带病毒（有可能为多个），可以用 AC 自动机解决。

1．算法设计

（1）将 n 个病毒特征码及病毒编号插入字典树。

（2）在字典树上添加失配指针，创建 AC 自动机。

（3）对于每个网站源码，都在 AC 自动机中查询其包含哪些病毒，并输出其病毒编号。

（4）输出带病毒的网站总数。

2．算法实现

```
void insert(char* str,int id){//插入字典树
    node *t=root;
    int len=strlen(str);
    for(int i=0;i<len;i++){
        int x=str[i]-33;//将字符转换为数字，可见字符的ASCII码为33～126
        if(t->ch[x]==NULL)
            t->ch[x]=new node;
        t=t->ch[x];
    }
    t->count++;
    t->id=id;
}

void build_ac(){//创建AC自动机
    queue<node*> q;//队列，进行广度优先搜索时会用到
    q.push(root);
    while(!q.empty()){
        node *t;
        t=q.front();
        q.pop();
        for(int i=0;i<K;i++){
            if(t->ch[i]){
                t->ch[i]->fail=t->fail->ch[i];
                q.push(t->ch[i]);
            }
            else
                t->ch[i]=t->fail->ch[i];
        }
    }
}

bool query(char *str){//查询
    memset(flag,false,sizeof(flag));
    node *t=root;
    bool ok=false;
```

```
int len=strlen(str);
for(int i=0;i<len;i++){
    int x=str[i]-33;
    t=t->ch[x];
    for(node *u=t;u->count!=-1;u=u->fail){
        if(u->count==1){
            ok=true;
            flag[u->id]=true;//标记出现，不是计数
        }
        //u->count=-1;//坑点！不要修改典树，否则会影响下一个字符串的匹配
    }                   //前面不是计数，不会重复统计
}
return ok;
}
```

✏️ 训练2 DNA 序列

题目描述（POJ2778）：DNA 序列只包含字符'A' 'C' 'T'和'G'。分析 DNA 序列非常有用，若某动物的 DNA 序列包含遗传病片段，则意味着该动物可能患有遗传病。给定 m 个遗传病片段，求解有多少个长度为 n 的 DNA 序列不包含这些片段。

输入：第 1 行为 2 个整数 m（$0 \leqslant m \leqslant 10$）和 n（$1 \leqslant n \leqslant 2 \times 10^9$）。$m$ 是遗传病片段的数量，n 是 DNA 序列的长度。接下来的 m 行，每行都为 1 个遗传病片段（长度不大于 10）。

输出：1 个整数，该数等于不包含遗传病的 DNA 序列的数量 mod 100000。

输入样例	输出样例
4 3	36
AT	
AC	
AG	
AA	

题解：本题给定 m 个遗传病片段，求解有多少个长度为 n 的 DNA 序列不包含这些片段，可以用 AC 自动机解决。

1. 算法设计

（1）将遗传病片段插入字典树。

（2）创建 AC 自动机。注意：若当前节点的失配指针有结束标记，则也要标记当前节点。

（3）创建邻接矩阵。对所有未标记的节点都重新编号，根据 AC 自动机创建邻接矩阵。

（4）求解矩阵的 n 次幂，可以用矩阵快速幂求解。

2．完美图解

假设遗传病片段为{"ACG","C"}，则将 2 个字符串插入字典树并创建 AC 自动机，从每个节点出发的边有 4 条（A、T、C、G），如下图所示。

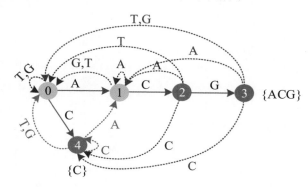

从状态 0 出发走 1 步有 4 种走法：①走 A 到状态 1（安全）；②走 C 到状态 4（危险）；③走 T 到状态 0（安全）；④走 G 到状态 0（安全）。当 $n=1$ 时，答案是 3。

当 $n=2$ 时，从状态 0 出发走 2 步，形成一个长度为 2 的字符串，只要在路径上没有经过危险节点，则有几种走法，答案就是几。以此类推，走 n 步，就形成长度为 n 的字符串。这实际上相当于二元关系的复合运算，可以用图论里面的邻接矩阵相乘求解。

对上图所示的 AC 自动机建立邻接矩阵 $M[][]$：

```
2 1 0 0 1
2 1 1 0 0
1 1 0 1 1
2 1 0 0 1
2 1 0 0 1
```

其中，$M[i][j]$ 表示从节点 i 到节点 j 只走 1 步有几种走法，$M[][]$ 的 n 次幂表示从节点 i 到节点 j 走 n 步有几种走法。

⚠ **注意** 要去掉危险节点的行和列。节点 3、4 是遗传病片段的结尾，是危险节点，节点 2 的失配指针指向节点 4，当匹配"AC"时也就匹配了"C"，所以节点 2 也是危险节点。去掉危险节点 2、3、4 后，邻接矩阵变为 $M[][]$：

```
2 1
2 1
```

计算 $M[][]$ 的 n 次幂，$\sum(M[0][i])$ mod 100000 就是答案。因为 n 很大，所以用矩阵快速幂计算矩阵的 n 次幂。

3. 算法实现

```
mat mul(mat A,mat B){//矩阵乘法
    mat C;
    for(int i=0;i<L;i++)
        for(int j=0;j<L;j++)
            for(int k=0;k<L;k++)
                C.a[i][j]=(C.a[i][j]+(long long)A.a[i][k]*B.a[k][j])%MOD;
    return C;
}

mat pow(mat A,int n){//A^n 矩阵快速幂
    mat ans;
    for(int i=0;i<L;i++)
        ans.a[i][i]=1;//单位矩阵
    while(n>0){
        if(n&1)
            ans=mul(ans,A);
        A=mul(A,A);
        n>>=1;
    }
    return ans;
}

struct ACAutomata{//AC 自动机
    int next[maxn][K],fail[maxn],end[maxn],id[maxn];
    int idx(char ch){//转换为数字
        switch(ch){
            case 'A':return 0;
            case 'C':return 1;
            case 'T':return 2;
            case 'G':return 3;
        }
        return -1;
    }
    int newNode(){//新建节点
        for(int i=0;i<K;i++)
            next[L][i]=-1;
        end[L]=0;
        return L++;
    }
    void init(){//初始化
        L=0;
```

```
        root=newNode();
}
void insert(char s[]){//插入一个节点
    int len=strlen(s);
    int p=root;
    for (int i=0;i<len;i++){
        int ch=idx(s[i]);
        if(next[p][ch]==-1)
            next[p][ch]=newNode();
        p=next[p][ch];
    }
    end[p]++;
}
void build(){//创建AC自动机
    queue<int> Q;
    fail[root]=root;
    for(int i=0;i<K;i++){
        if(next[root][i]==-1){
            next[root][i]=root;
        }
        else{
            fail[next[root][i]]=root;
            Q.push(next[root][i]);
        }
    }
    while(Q.size()){
        int now=Q.front();
        Q.pop();
        if(end[fail[now]])
            end[now]++;//重要！若当前节点的失配指针end有结束标记，则当前节点的end++
        for(int i=0;i<K;i++){
            if(next[now][i]!=-1){
                fail[next[now][i]]=next[fail[now]][i];
                Q.push(next[now][i]);
            }
            else
                next[now][i]=next[fail[now]][i];
        }
    }
}

int query(int n){//查询
    mat F;
    int ids=0;
    memset(id,-1,sizeof(id));
    for(int i=0;i<L;i++)//对未标记的节点重新编号
```

```
        if(!end[i])
            id[i]=ids++;
    for(int u=0;u<L;u++){
        if(end[u]) continue;
        for(int j=0;j<K;j++){
            int v=next[u][j];
            if(!end[v])
                F.a[id[u]][id[v]]++;
        }
    }
    L=ids;
    F=pow(F,n);
    int res=0;
    for(int i=0;i<L;i++)
        res=(res+F.a[0][i])%MOD;
    return res;
    }
}ac;
```

2.2 后缀数组

在后缀数组的实现中用到了基数排序，这里首先讲解基数排序，然后详解后缀数组及其应用。

2.2.1 基数排序

基数排序是桶排序的扩展，是一种多关键字排序算法。若记录按照多个关键字排序，则将信息依次按照这些关键字排序。例如进行扑克牌排序，扑克牌由牌面和花色两个关键字组成，可以将扑克牌首先按照牌面（2、3、…、10、J、Q、K、A）排序，然后按照花色（♣、♦、♥、♠）排序。若记录按照一个数值型的关键字排序，则可以把该关键字看作由 d 位组成的多个关键字进行排序，每位的取值范围都为$[0,r)$，其中 r 被称为"基数"。十进制数 268 由 3 位数组成，每位的取值范围都为$[0,10)$，十进制数的基数 r 为 10，同样，二进制数的基数为 2，英文字母的基数为 26。本节以十进制数的基数排序为例进行讲解。

1. 算法步骤

（1）首先求解待排序序列中最大关键字的位数 d，然后从低位到高位进行基数排序。

（2）首先按个位数字将关键字依次放到桶中，然后将每个桶中的数据都依次收集起来。

（3）首先按十位数字将关键字依次放到桶中，然后将每个桶中的数据都依次收集起来。

（4）依次进行下去，直到 d 位数处理完毕，得到一个有序的序列。

2．完美图解

对 10 个学生的成绩序列(68,75,54,70,83,48,80,12,75*,92)进行基数排序。

（1）待排序序列中的最大关键字 92 为两位数，只需进行两趟基数排序即可。

（2）放入。按照学生成绩的个位数字划分 10 个桶（0～9），将学生成绩依次放到桶中，将个位数字是 0 的放入 0 号桶，将个位数字是 1 的放入 1 号桶，以此类推。

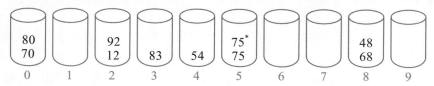

（3）收集。依次收集每个桶中的学生成绩，得到序列(70,80,12,92,83,54,75,75*, 68,48)。

（4）放入。按照学生成绩的十位数字划分 10 个桶（0～9），将上面的序列依次放到桶中。

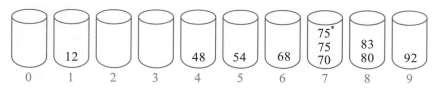

（5）收集。依次收集每个桶中的学生成绩，得到有序序列(12,48,54,68,70,75,75*, 80,83,92)。

讨论：为什么要依次放入和收集学生成绩呢？若不依次进行，会怎样呢？

例如，对学生成绩(82,62,65,85)进行基数排序，首先将其按照个位数字放入 2 号桶和 5 号桶。若不将其按顺序放到桶中，则如下图所示。

首先收集桶中的学生成绩(62,82,85,65)，然后将其按照十位数字放入 6 号桶和 8 号桶。

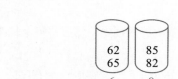

收集桶中的学生成绩(65,62,85,82)，排序结束后并不是一个有序序列，因为：第 1 次将学生成绩放到桶中时，没有将其按顺序放入 2 号桶，在原始的学生成绩序列中，82 在 62 前面，但是放入 2 号桶时，82 在 62 后面，也没有依次收集 5 号桶中的学生成绩；同样，在第 2 次放入和收集学生成绩时也没有依次进行处理。

⚠ 注意　若不按顺序依次放入和收集学生成绩，则无法保证排序结果正确。

对于桶中的多个学生成绩，既可以用二维数组或链式存储，也可以用一维数组存储。

用一维数组对学生成绩序列(68,75,54,70,83,48,80,12,75*,92)进行基数排序，排序过程如下。

（1）用 data[]数组存储该序列，该序列中的最大位数 $d=2$，进行两次基数排序。

（2）按照学生成绩的个位数字划分 10 个桶（0～9），将学生成绩依次放到桶中，将个位数字是 0 的放入 0 号桶，将个位数字是 1 的放入 1 号桶，以此类推。

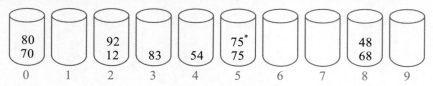

用 count[]数组记录每个桶中的学生成绩数量，例如，在 0 号桶中有 2 个学生成绩，count[0]=2。

	0	1	2	3	4	5	6	7	8	9
count[]	2	0	2	1	1	2	0	0	2	0

从下标 1 开始累加前一项，求解前缀和 count[j]+=count[$j-1$]。

	0	1	2	3	4	5	6	7	8	9
count[]	2	2	4	5	6	8	8	8	10	10

根据累加结果分配存储空间，例如：count[8]=10，8 号桶中的 2 个学生成绩被分配到下标为 9 和 8 的存储空间；count[5]=8，5 号桶中的 2 个学生成绩被分配到下标为 7 和 6 的存储空间。注意：存储空间的下标从 0 开始。

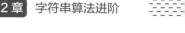

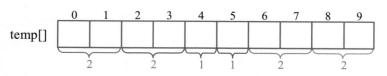

（3）从后向前处理 data[]序列(68,75,54,70,83,48,80,12,75*,92)，用 count[]数组将桶中的学生成绩收集到辅助数组 temp[]中。

- 92 在 2 号桶中，count[2]=4，--count[2]=3，将 92 存入 temp[3]。

	0	1	2	3	4	5	6	7	8	9
temp[]			92							

- 75*在 5 号桶中，count[5]=8，--count[5]=7，将 75*存入 temp[7]。

	0	1	2	3	4	5	6	7	8	9
temp[]				92				75*		

- 12 在 2 号桶中，count[2]=3，--count[2]=2，将 12 存入 temp[2]。

	0	1	2	3	4	5	6	7	8	9
temp[]			12	92				75*		

- 80 在 0 号桶中，count[0]=2，--count[0]=1，将 80 存入 temp[1]。

	0	1	2	3	4	5	6	7	8	9
temp[]		80	12	92				75*		

- 48 在 8 号桶中，count[8]=10，--count[8]=9，将 48 存入 temp[9]。

	0	1	2	3	4	5	6	7	8	9
temp[]		80	12	92				75*		48

- 83 在 3 号桶中，count[3]=5，--count[3]=4，将 83 存入 temp[4]。

	0	1	2	3	4	5	6	7	8	9
temp[]		80	12	92	83			75*		48

- 70 在 0 号桶中，count[0]=1，--count[0]=0，将 70 存入 temp[0]。

	0	1	2	3	4	5	6	7	8	9
temp[]	70	80	12	92	83			75*		48

- 54 在 4 号桶中，count[4]=6，--count[4]=5，将 54 存入 temp[5]。

	0	1	2	3	4	5	6	7	8	9
temp[]	70	80	12	92	83	54		75*		48

- 75 在 5 号桶中，count[5]=7，--count[5]=6，将 75 存入 temp[6]。

	0	1	2	3	4	5	6	7	8	9
temp[]	70	80	12	92	83	54	**75**	75*		48

- 68 在 8 号桶中，count[8]=9，--count[8]=8，将 68 存入 temp[8]。

	0	1	2	3	4	5	6	7	8	9
temp[]	70	80	12	92	83	54	75	75*	**68**	48

（4）将 temp[]数组中的学生成绩复制到 data[]数组中，之后将 data[]数组中的学生成绩按照十位数字依次放到桶中。

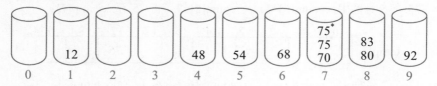

用 count[]数组记录每个桶中的学生成绩数量。

	0	1	2	3	4	5	6	7	8	9
count[]	0	1	0	0	1	1	1	3	2	1

从下标 1 开始累加前一项，求解前缀和 count[j]+=count[$j-1$]。

	0	1	2	3	4	5	6	7	8	9
count[]	0	1	1	1	2	3	4	7	9	10

根据累加结果分配存储空间，例如，count[7]=7，7 号桶中的 3 个学生成绩被分配到下标为 6、5、4 的存储空间。

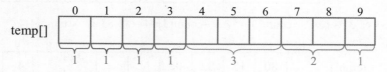

（5）从后向前处理 data[]序列(70,80,12,92,83,54,75,75*,68,48)，用 count[]数组将桶中的学生成绩收集到辅助数组 temp[]中。

- 48 在 4 号桶中，count[4]=2，--count[4]=1，将 48 存入 temp[1]。

	0	1	2	3	4	5	6	7	8	9
temp[]		**48**								

- 68 在 6 号桶中，count[6]=4，--count[6]=3，将 68 存入 temp[3]。

	0	1	2	3	4	5	6	7	8	9
temp[]		48		**68**						

- 75* 在 7 号桶中，count[7]=7，--count[7]=6，将 75* 存入 temp[6]。

	0	1	2	3	4	5	6	7	8	9
temp[]		48		68			**75***			

- 75 在 7 号桶中，count[7]=6，--count[7]=5，将 75 存入 temp[5]。

	0	1	2	3	4	5	6	7	8	9
temp[]		48		68		**75**	75*			

- 54 在 5 号桶中，count[5]=3，--count[5]=2，将 54 存入 temp[2]。

	0	1	2	3	4	5	6	7	8	9
temp[]		48	**54**	68		75	75*			

- 83 在 8 号桶中，count[8]=9，--count[8]=8，将 83 存入 temp[8]。

	0	1	2	3	4	5	6	7	8	9
temp[]		48	54	68		75	75*		**83**	

- 92 在 9 号桶中，count[9]=10，--count[9]=9，将 92 存入 temp[9]。

	0	1	2	3	4	5	6	7	8	9
temp[]		48	54	68		75	75*		83	**92**

- 12 在 1 号桶中，count[1]=1，--count[1]=0，将 12 存入 temp[0]。

	0	1	2	3	4	5	6	7	8	9
temp[]	**12**	48	54	68		75	75*		83	92

- 80 在 8 号桶中，count[8]=8，--count[8]=7，将 80 存入 temp[7]。

	0	1	2	3	4	5	6	7	8	9
temp[]	12	48	54	68		75	75*	**80**	83	92

- 70 在 7 号桶中，count[7]=5，--count[7]=4，将 70 存入 temp[4]。

	0	1	2	3	4	5	6	7	8	9
temp[]	12	48	54	68	**70**	75	75*	80	83	92

（6）将 temp[] 数组中的学生成绩复制到 data[] 数组中，排序结果如下图所示。

	0	1	2	3	4	5	6	7	8	9
data[]	12	48	54	68	70	75	75*	80	83	92

算法代码：

```cpp
void radixsort(int data[], int n){//基数排序
    int d=maxbit(data,n); //求解最大位数
    int *temp=new int[n]; //辅助数组
    int *count=new int[10]; //计数器
    int i,j,k;
    int radix=1;
    for(i=1;i<=d;i++){ //进行 d 次排序
        for(j=0;j<10;j++)
            count[j]=0; //在每次分配前都清空计数器
        for(j=0;j<n;j++){
            k=(data[j]/radix)%10; //首先取出个位数字，然后取出十位数字……
            count[k]++; //统计每个桶中的学生成绩数量
        }
        for(j=1;j<10;j++)
            count[j]+=count[j-1]; //累加结果
        for(j=n-1;j>=0;j--) {//根据累加结果将所有学生成绩都逆序存储到辅助数组 temp[]中
            k=(data[j]/radix)%10;
            temp[--count[k]]=data[j];
        }
        for(j=0;j<n;j++) //将辅助数组 temp[]中的学生成绩复制到 data[]数组中
            data[j]=temp[j];
        cout<<"第"<<i<<"次排序结果："<<endl;
        for(int i=0;i<n;i++)
            cout<<data[i]<<"\t";
        cout<<endl;
        radix=radix*10;
    }
    delete[]temp;
    delete[]count;
}
```

3. 算法分析

时间复杂度：进行基数排序时，需要进行 d 次排序，每次排序都包含放入和收集两种操作，进行放入操作的时间复杂度为 $O(n)$，进行收集操作的时间复杂度为 $O(n)$，总时间复杂度为 $O(d×n)$。

空间复杂度：count[]数组的大小为基数 r，temp[]数组的大小为 n，空间复杂度为 $O(n+r)$。

稳定性：基数排序是按关键字出现的顺序依次进行的，是稳定的排序方法。

2.2.2 后缀数组详解

在处理字符串时，后缀数组和后缀树都是非常有用的工具。后缀数组是后缀树的一个非常精巧的替代品，不但比后缀树更容易实现，还可以实现后缀树的很多功能，时间复杂度也不逊色，比后缀树占用的存储空间也小很多。在算法竞赛中，后缀数组比后缀树更实用。

1. 后缀数组的相关概念

（1）后缀。后缀指从字符串的某个位置开始到字符串末尾的特殊子串。字符串 s 从第 i 个字符开始的后缀被表示为 suffix(i)，称之为"下标为 i 的后缀"。字符串 $s=$ "aabaaaab"，其所有后缀如下：

```
suffix(0)= "aabaaaab"
suffix(1)= "abaaaab"
suffix(2)= "baaaab"
suffix(3)= "aaaab"
suffix(4)= "aaab"
suffix(5)= "aab"
suffix(6)= "ab"
suffix(7)= "b"
```

（2）后缀数组。将所有后缀都从小到大排序，将排好序的后缀的下标 i 存入数组，该数组被称为"后缀数组"。将上面的所有后缀都按字典序排序之后，取其下标 i，即可得到后缀数组 sa[]={3, 4, 5, 0, 6, 1, 7, 2}。

（3）排名数组。排名数组指下标为 i 的后缀排序后的排名，例如上面的例子中排序后的下标和排名。若 rank[i]=num，则下标为 i 的后缀排序后的排名为 num，如下图所示。

名次 num	下标 i	后缀 suffix(i)
1	3	aaaab
2	4	aaab
3	5	aab
4	0	aabaaaab
5	6	ab
6	1	abaaaab
7	7	b
8	2	baaaab

下标为 3 的后缀，排名第 1，即 rank[3]=1；排名第 1 的后缀，下标为 3，即 sa[1]=3。排名数组和后缀数组是互逆的，可以来回转换，如下图所示。

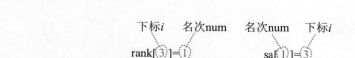

2．后缀数组的创建思路

可以用 DC3 算法或倍增算法创建后缀数组。DC3 算法的时间复杂度为 $O(n)$，倍增算法的时间复杂度为 $O(n\log n)$。一般在 $n>10^6$ 时，DC3 算法比倍增算法运行速度快，但是常数较多、代码量较大，所以倍增算法较常用。

用倍增算法创建后缀数组时，需要对字符串从每个下标开始的长度为 2^k 的子串进行排序，以得到排名。k 从 0 开始，每次都加 1，相当于长度增加了 1 倍。当 $2^k \geqslant n$ 时，从每个下标开始的长度为 2^k 的子串都相当于所有后缀。当前子串的排序结果都由上次子串的排名得到。

完美图解：

（1）对字符串 s（"aabaaaab"）从每个下标开始长度为 1 的子串进行排名时，直接将每个字符都转换成数字 $s[i]-$'a'$+1$ 即可。

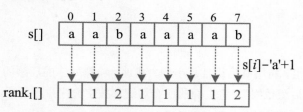

（2）求解长度为 2 的子串的排名。将上次排名的第 i 个和第 $i+1$ 个结合，相当于得到长度为 2 的子串的每个位置的排名，排序后可得到长度为 2 的子串的排名。

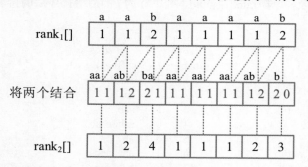

（3）求解长度为 2^2 的子串的排名。将上次排名的第 i 个和第 $i+2$ 个结合，相当于得到长度为 2^2 的子串的每个位置的排名，排序后可得到长度为 2^2 的子串的排名。

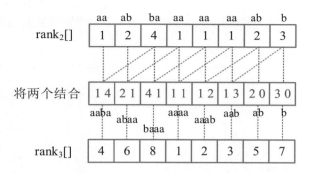

（4）求解长度为 2^3 的子串的排名。将上次排名的第 i 个和第 $i+4$ 个结合，相当于得到长度为 2^3 的子串的每个位置的排名，排序后可得到长度为 2^3 的子串的排名。

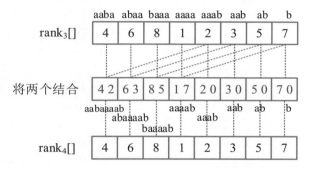

第 4 步和第 3 步的结果一模一样，实际上，若没有相同的排名，就不需要继续求解了，此时已经得到后缀的排名。将排名数组转换为后缀数组，排名第 1 的后缀的下标为 3，排名第 2 的后缀的下标为 4，排名第 3 的后缀的下标为 5，排名第 4 的后缀的下标为 0……所以 sa[]={3, 4, 5, 0, 6, 1, 7, 2}。

因为倍增算法中每次比较的字符数都翻倍，所以对长度为 n 的字符串最多需要进行 $O(\log n)$ 次排序，除了第 1 次排序，后面都是对二元组进行排序。每次基数排序的时间复杂度都为 $O(n)$，总时间复杂度为 $O(n\log n)$。

3．后缀数组的实现

（1）将每个字符都转换为数字存入 s[]数组，并通过参数传递赋值给 x[]数组（相当于排名数组 rank[]）进行基数排序。为了防止比较时越界，在末尾用 0 封装。

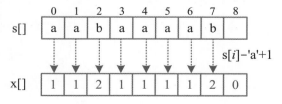

进行基数排序，将 x[] 数组中元素的下标按排名顺序依次放到桶中。

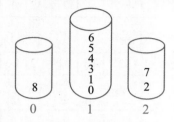

将排序结果（下标）存入后缀数组 sa[]。

sa[]	8	0	1	3	4	5	6	2	7

算法代码：

```
for(i=0;i<m;i++)//基数排序
    c[i]=0;
for(i=0;i<n;i++)
    c[x[i]=ss[i]]++;
for(i=1;i<m;i++)
    c[i]+=c[i-1];
for(i=n-1;i>=0;i--)
sa[--c[x[i]]]=i;
```

（2）求解长度为 2^k 的子串的排名（$k=1$），将上次排名的每一个排名都和后一个排名结合，排序后可得到长度为 2 的子串的排名。

求解思路：将上次的排名（x[] 数组）前移错位（$-k$），得到第 2 关键字的排序结果（y[] 数组），将第 2 关键词的排序结果转换成排名，正好是第 1 关键字，对第 1 关键字进行基数排序，得到 sa[] 数组，用 x[]、sa[] 数组求解新的 x[] 数组。

求解过程如下。

（1）对第 2 关键字进行基数排序。第 2 关键字实际上就是上次排序时下标 1～8 的部分，可以直接读取上次的排序结果（sa[] 数组），将其减 1 即可，因为第 2 关键字此时对应的下标比原来差 1。例如，在 x[] 数组中，第 2 个 1 原来的下标为 1，现在对应的下标为 0。将下标 8（值为 00）排在最前面，后面直接读取 sa[]−1。将第 2 关键字的排序结果（下标）存储在 y[] 数组中。

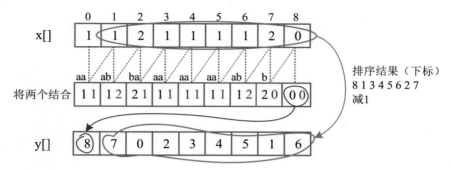

算法代码:

```
p=0;
for(i=n-k;i<n;i++)
    y[p++]=i; //将补零位置的下标排在最前面
for(i=0;i<n;i++)
    if(sa[i]>=k)
        y[p++]=sa[i]-k;//读取上次排序的下标
```

（2）将第 2 关键字的排序结果（y[]数组）转换为排名，正好是第 1 关键字。

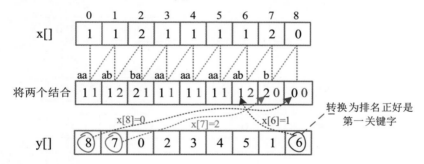

算法代码:

```
for(i=0;i<n;i++)
    wv[i]=x[y[i]];//将第 2 关键字的排序结果转换为排名，正好是第 1 关键字
```

（3）对第 1 关键字进行基数排序。将 x[]数组中元素的下标按第 1 关键字的排名顺序放到桶中。

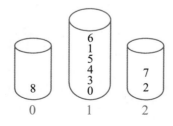

将排序结果（下标）存入后缀数组 sa[]。

sa[]	8	0	3	4	5	1	6	7	2

算法代码：

```
for(i=0;i<m;i++)//基数排序
    c[i]=0;
for(i=0;i<n;i++)
    c[wv[i]]++;
for(i=1;i<m;i++)
    c[i]+=c[i-1];
for(i=n-1;i>=0;i--)
    sa[--c[wv[i]]]=y[i];
```

（4）根据 sa[]、x[]数组计算新的排名数组（长度为 2 的子串的排名）。因为要用旧的 x[]数组计算新的 x[]数组，而此时 y[]数组已没用，所以将 x[]数组与 y[]数组交换，swap(x,y)。此时的 y[]数组就是原来的 x[]数组，现在计算新的 x[]数组。

- 令 x[sa[0]]=0，即 x[8]=0，表示下标为 8 的组合{0 0}的排名为 0。

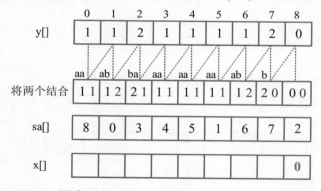

- sa[1]=0，sa[0]=8，因为 y[0]≠y[8]，所以 x[0]=p++=1；p 的初始值为 1，加 1 后 p=2。

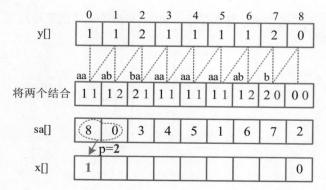

- sa[2]=3，sa[1]=0，因为 y[0]=y[3]且 y[1]=y[4]，所以下标为 3 的排名与前一个下标为 0 的排名相同。又因为下标为 0 的二元组是子串"aa"（由原来的下标 0、1 组成），下标为3的二元组是子串"aa"（由原来的下标3、4组成），所以x[3]=p−1=1，p=2。

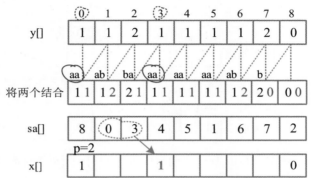

- sa[3]=4，sa[2]=3，因为 y[3]=y[4]且 y[4]=y[5]，所以下标为 4 的排名与前一个下标为 3 的排名相同，x[4]=p−1=1，p=2。

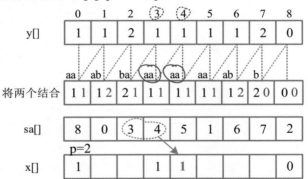

- sa[4]=5，sa[3]=4，因为 y[4]=y[5]且 y[5]=y[6]，所以下标为 5 的排名与前一个下标为 4 的排名相同，x[5]=p−1=1，p=2。

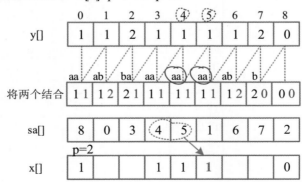

- sa[5]=1，sa[4]=5，因为 y[5]=y[1]且 y[6]≠y[2]，所以下标为 1 的排名与前一个下标为 5 的排名不同，x[1]=p++=2，p=3。

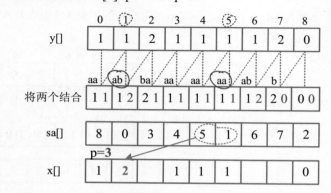

- sa[6]=6，sa[5]=1，因为 y[1]=y[6]且 y[2]=y[7]，所以下标为 6 的排名与前一个下标为 1 的排名相同，x[6]=p−1=2，p=3。

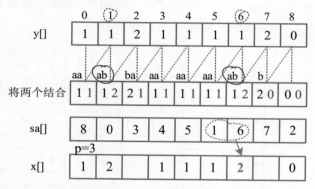

- sa[7]=7，sa[6]=6，因为 y[6]≠y[7]，所以下标为 7 的排名与前一个下标为 6 的排名不同，x[7]=p++=3，p=4。

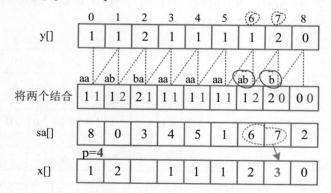

- sa[8]=2，sa[7]=7，因为 y[7]=y[2] 且 y[8]≠y[3]，所以下标为 2 的排名与前一个下标为 7 的排名不同，x[2]=p++=4，p=5。

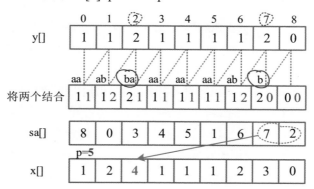

- 第 1 次排序的结果为 sa[] 数组，第 1 次排名的结果为 x[] 数组。

算法代码：

```
swap(x,y);//因为 y[]数组已没用，而且更新 x[]数组时需要用 x[]数组自身的数据，
p=1,x[sa[0]]=0;//所以首先将 x[]、y[]数组交换，将 x[]数组放入 y[]数组，然后更新 x[]数组
for(i=1;i<n;i++)
    x[sa[i]]=(y[sa[i-1]]==y[sa[i]]&&y[sa[i-1]+k]==y[sa[i]+k])?p-1:p++;
```

（3）求解长度为 2^k 的子串的排名（k=2）。将上次排名数组 x[] 的第 i 个和第 i+2 个排名结合，相当于得到长度为 4 的子串的每个位置的排名，排序后可得到长度为 4 的子串的排名，如下图所示。此时，排名数组中的排名各不相同，无须继续排名。

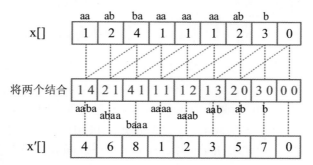

（4）排名数组 x[] 和后缀数组 sa[] 如下图所示，二者互逆，x[4]=2，sa[2]=4。

	0	1	2	3	4	5	6	7	8
x[]	4	6	8	1	2	3	5	7	0

	0	1	2	3	4	5	6	7	8
sa[]	8	3	4	5	0	6	1	7	2

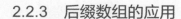

2.2.3 后缀数组的应用

1. 最长公共前缀（LCP）

最长公共前缀（Longest Common Prefix，LCP）指两个字符串中长度最大的公共前缀，例如，s_1="abcxd"，s_2="abcdef"，s_1 和 s_2 的最长公共前缀 LCP(s_1,s_2)="abc"，其长度为 3。

字符串 s="aabaaaab"，suffix(sa[i])表示从第 sa[i]个字符开始的后缀，其排名为 i。例如，sa[3]=5，suffix(sa[3])="aab"，表示从第 5 个字符开始的后缀，其排名为 3。height 表示排名相邻的两个后缀的最长公共前缀的长度，height[2]=3 表示排名第 2 的后缀和前一个后缀的最长公共前缀的长度为 3。

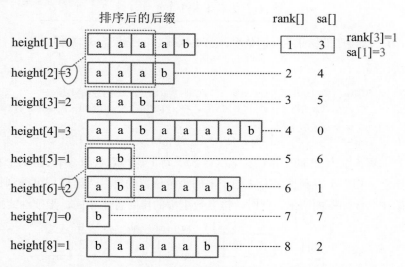

height[i]表示 suffix(sa[i])和 suffix(sa[i−1])的最长公共前缀的长度。

性质 1：对于任意两个后缀 suffix(i)、suffix(j)，若 rank[i]<rank[j]，则它们的最长公共前缀的长度为 height[rank[i]+1],height[rank[i]+2],…,height[rank[j]]的最小值。

例如，suffix(4)="aaab"，suffix(1)= "abaaaab"，rank[4]=2，rank[1]=6，它们的最长公共前缀的长度为 height[3]、height[4]、height[5]、height[6]的最小值，如下图所示。这就转化为区间最值查询（RMQ）问题了。

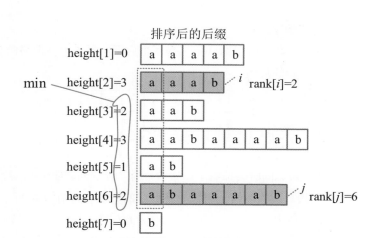

如何计算 height[]数组呢？若两两比较，则需要 $O(n^2)$ 时间；若用它们之间的关系递推，则需要 $O(n)$ 时间。

在计算 height[]数组之前，首先定义一个 h[]数组：h[i]=height[rank[i]]。例如，rank[3]=1，h[3]=height[rank[3]]=height[1]=0；rank[4]=2，h[4]=height[rank[4]]=height[2]=3。实际上，height[]、h[]数组只是下标不同而已，前者以 rank[]数组的值为下标，后者以 sa[]数组的值为下标。

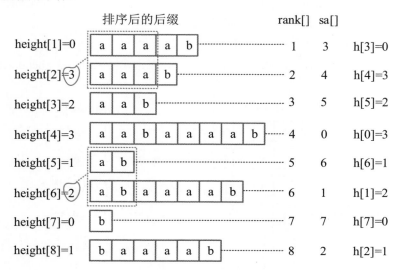

性质 2：h[i]≥h[i−1]−1。

了解该性质后，首先求解 h[i−1]，然后在 h[i−1]−1 的基础上继续计算 h[i]即可，没必要再从头比较了。递推求解 h[1]、h[2]、h[3]……的时间复杂度为 $O(n)$。

对该性质的证明过程如下。

（1）设后缀 $i-1$ 的前一名为后缀 k，h[$i-1$] 为两个后缀的最长公共前缀的长度。后缀 k 表示从第 k 个字符开始的后缀。

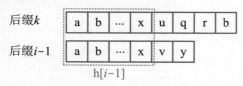

（2）将后缀 $i-1$ 和后缀 k 同时去掉第 1 个字符，则二者变为后缀 i 和后缀 $k+1$，二者之间可能存在其他后缀。因为后缀 i 与前一名后缀的最长公共前缀为 h[i]，既有可能等于 h[$i-1$]-1，也有可能大于 h[$i-1$]-1，所以 h[i]$\geq$h[$i-1$]-1。

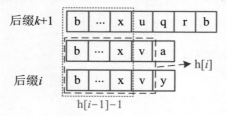

完美图解：

1）$i=0$

（1）将下标转换为排名，rank[0]=4。

（2）求解前一名（排名减 1），rank[0]-1=3。

（3）将前一名转换为下标，sa[3]=5，j=5。

（4）从 $k=0$ 开始比较，若 $s[i+k]=s[j+k]$，k++，在比较结束时 $k=3$，height[rank[0]]=height[4]=3。

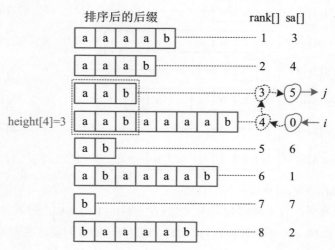

2）$i=1$

（1）将下标转换为排名，rank[1]=6。

（2）求解前一名，rank[1]−1=5。

（3）将前一名转换为下标，sa[5]=6，$j=6$。

（4）因为此时 $k=3$，$k\neq0$，所以从上次的运算结果 $k-1$ 开始接着比较，$k=2$，因为 $s[i+k]\neq s[j+k]$，k 不增加，所以 height[6]=2。

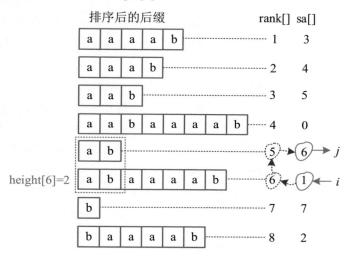

3）继续求解 $i=2,3,\cdots,n-1$，即可得到 height[] 数组。

算法代码：

```
void calheight(int *r,int *sa,int n){
    int i,j,k=0;
    for(i=1;i<=n;i++)
        rank[sa[i]]=i;
    for(i=0;i<n;i++){
        if(k)//在 k−1 的基础上继续比较（h[i−1]=k）
            k--;
        j=sa[rank[i]-1];
        while(r[i+k]==r[j+k])
            k++;
        height[rank[i]]=k;
    }
}
```

每次都在上次比较结果的基础上继续比较，无须从头开始，这样速度加快，可以在 $O(n)$ 时间内计算出 height[] 数组。有了 height[] 数组，求解任意两个后缀 suffix(i)、suffix(j)，若 rank[i]<rank[j]，则它们的最长公共前缀的长度为 height[rank[i]+1]，

height[rank[i]+2],···,height[rank[j]]的最小值。这是区间最值查询问题，可以用 ST 算法解决：在用 $O(n\log n)$ 时间做预处理后，用 $O(1)$ 时间得到任意两个后缀的最长公共前缀的长度。

2．最长重复子串

重复子串指一个字符串的子串在该字符串中至少出现两次。重复子串问题有以下 3 种类型。

（1）可重叠。给定一个字符串，求解其最长重复子串的长度，这两个子串可以重叠。例如，字符串"aabaabaac"的最长重复子串为"aabaa"，长度为 5。求解最长重复子串（可重叠）的长度，等价于求解该字符串任意两个后缀的最长公共前缀的最大值，即 height[] 数组的最大值。该算法的时间复杂度为 $O(n)$。

（2）可重叠且重复 k 次。给定一个字符串，求解其中至少出现 k 次的最长重复子串的长度，这 k 个子串可以重叠。可以用二分法判断是否存在 k 个长度为 l 的相同子串，将长度大于或等于 l 的最长公共子串分为一组，查看每组的后缀数量是否大于或等于 k。例如，对于字符串"aabaaaab"，求解其中至少出现 4 次的最长重复子串的长度，将长度大于或等于 2 的最长公共子串分组后，第 1 组正好重复 4 次，则至少出现 4 次的最长重复子串的长度为 2。该算法的时间复杂度为 $O(n\log n)$。

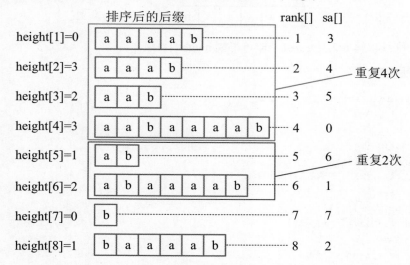

（3）不可重叠。给定一个字符串，求解最长重复子串的长度，这两个子串不可以重叠，可以用二分法判断是否存在两个长度为 l 的相同子串，将长度大于或等于 l 的最长公共子串分为一组，查看每组后缀的 sa[] 数组的最大值和最小值之差是否大于或等于 l。因为在 sa[] 数组中存储的是后缀的开始下标，下标差值大于或等于 l，所以这两个后缀必然不重叠。例如，对于字符串"aabaaaab"，将长度大于 3 的最长公共子串分为一组：第 1 组，sa[]数组的最大值和最小值之差为 1，不满足条件；第 2 组，sa[]数组的最大值和最小值之差为 5，大于 3，说明不重叠，满足条件。该算法的时间复杂度为 $O(n\log n)$。

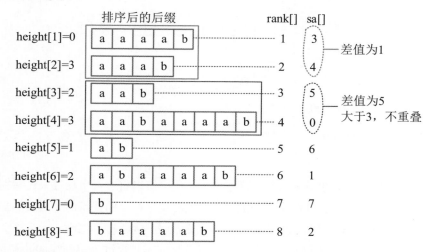

3. 不同子串的数量

给定一个字符串，求解其不同子串的数量。每个子串一定都是某个后缀的前缀，原问题转化为求解该字符串的所有后缀的不同前缀的数量。对于每个 sa[i]，累加 $n-sa[i]-height[i]$ 即可得到答案，该算法的时间复杂度为 $O(n)$。

例如，对于字符串"aabaaaab"，求解其所有后缀的不同前缀的数量，过程如下。

（1）sa[1]=3，即排名第 1 的后缀是从第 3 个字符开始的后缀"aaaab"，其长度为 $n-sa[1]=5$，将产生 5 个前缀："a" "aa" "aaa" "aaaa" "aaaab"。因为 height[1]=0，与前一个字符串的前缀没有重复，所以这 5 个前缀都是不同的前缀。

（2）sa[2]=4，将产生 $n-sa[2]$ 个前缀，其中有 height[2]个前缀与前一个字符串的前缀重复，$n-sa[2]-height[2]=8-4-3=1$，将产生 1 个不同的前缀。

（3）对于 sa[i]，将产生 $n-sa[i]-height[i]$ 个不同的前缀，累加后得到所有不同前缀的数量。

排序后的后缀 rank[] sa[]

height[1]=0	a a a · a b ⋯⋯	1	3
height[2]=3	a a a b ⋯⋯	2	4
height[3]=2	a a b ⋯⋯	3	5
height[4]=3	a a b a a a b ⋯⋯	4	0
height[5]=1	a b ⋯⋯	5	6
height[6]=2	a b a a a b ⋯⋯	6	1
height[7]=0	b ⋯⋯	7	7
height[8]=1	b a a a b ⋯⋯	8	2

4．最长回文子串

给定一个字符串，求解其最长回文子串的长度。可以将字符串反过来连接在原字符串之后，中间用一个特殊的字符分隔，首先求解该字符串的任意两个后缀的最长公共前缀，然后求解最大值。该算法的时间复杂度为 $O(n\log n)$。例如，求解字符串"xaabaay"的最长回文子串的长度，首先将字符串"xaabaay"反过来得到"yaabaax"，然后用特殊的字符'#'将其连接在原字符串之后，得到"xaabaay#yaabaax"，最后求解该字符串的任意两个后缀的最长公共前缀，最长公共前缀的最大值为5，即最长回文子串的长度为5。

5．最长公共子串

在求解多个字符串重复 k 次的最长公共子串时，可以将每个字符串都用一个特殊的字符连接起来，首先求解该字符串的 k 个后缀的最长公共前缀，然后求解最大值。求解时需要判断最长公共前缀是否属于同一个字符串。例如，求解 3 个字符串"abcdefg" "bcdefgh" "cdefghi"至少重复两次的最长公共子串，可以用特殊的字符'#'将 3 个字符串连接起来，得到"abcdefg#bcdefgh#cdefghi"，首先标记每个字符属于哪个字符串，然后求解该字符串的任意两个后缀的最长公共前缀，最长公共前缀的最大值为 6。至少重复两次的最长公共子串为"bcdefg" "cdefgh"，如下图所示。

bcdefgh
cdefghi
abcdefg#bcdefgh#cdefghi#
bcdefgh#cdefghi#
bcdefg#bcdefgh#cdefghi#
cdefghi#
cdefgh#cdefghi#
cdefg#bcdefgh#cdefghi#
defghi#
defgh#cdefghi#
defg#bcdefgh#cdefghi#
efghi#
efgh#cdefghi#
efg#bcdefgh#cdefghi#
fghi#
fgh#cdefghi#
fg#bcdefgh#cdefghi#
ghi#
gh#cdefghi#
g#bcdefgh#cdefghi#
hi#
h#cdefghi#
i#
#bcdefgh#cdefghi#
#cdefghi#

⚠ 注意 在解决最长公共子串问题时，除了要用特殊的字符连接每个字符串，还要标记每个字符属于哪个字符串，这样才能判断最长公共前缀是否属于同一个字符串。

✏ 训练 1 牛奶模式

题目描述（POJ3261）：约翰发现牛奶的质量每天都有规律可循，每个牛奶样本都被记录为 0~1 000 000 的整数，并且已经记录了一头母牛的 n 条数据。他希望在样本序列中找到最长的子序列，至少重复 k 次，子序列可以重叠。例如，在样本序列 1 2 3 2 3 2 3 1 中，子序列 2 3 2 3 重复了两次（有重叠）。请在样本序列中找到至少重复 k 次的最长子序列的长度，至少有一个答案。

输入：第 1 行为 2 个整数 n（$1 \leq n \leq 20\,000$）和 k（$2 \leq k \leq n$）；第 2~n+1 行为 n 个整数，其中第 i 行表示第 i 天的牛奶质量。

输出：单行输出至少重复 k 次的最长子序列的长度。

输入样例	输出样例
8 2 1	4

```
2
3
2
3
2
3
1
```

题解：本题求解可重叠、至少重复 k 次的最长子串的长度，可以用后缀数组及二分法求解。

1. 算法设计

（1）求解 sa[] 数组。

（2）求解 rank[]、height[] 数组。

（3）用二分法求解，对特定的长度 mid，判断是否满足重复次数大于或等于 k。

2. 算法实现

```c
int cmp(int *r,int a,int b,int l){ //比较字符是否相等
    return r[a]==r[b]&&r[a+l]==r[b+l];
}

void da(int *r,int *sa,int n,int m){ //求解 sa[] 数组
    int i,k,p,*x=wa,*y=wb;
    for(i=0;i<m;i++)
        c[i]=0;
    for(i=0;i<n;i++)
        c[x[i]=r[i]]++;
    for(i=1;i<m;i++)
        c[i]+=c[i-1];
    for(i=n-1;i>=0;i--)
        sa[--c[x[i]]]=i;
    for(k=1;k<=n;k<<=1){
        //直接用 sa[] 数组排序第 2 关键字
        p=0;
        for(i=n-k;i<n;i++)
            y[p++]=i;//将补零位置的下标排在最前面
        for(i=0;i<n;i++)
            if(sa[i]>=k)
                y[p++]=sa[i]-k;
        //基数排序第 1 关键字
        for(i=0;i<n;i++)
            wv[i]=x[y[i]];//将第 2 关键字的排序结果转换为排名后进行排序
        for(i=0;i<m;i++)
            c[i]=0;
```

```
        for(i=0;i<n;i++)
            c[wv[i]]++;
        for(i=1;i<m;i++)
            c[i]+=c[i-1];
        for(i=n-1;i>=0;i--)
            sa[--c[wv[i]]]=y[i];
        //根据 sa[]、x[]数组重新计算 x[]数组
        swap(x,y);//y[]数组已没用,因为在更新x[]数组时需要使用其自身的数据,
        p=1,x[sa[0]]=0;//所以将其放入y[]数组使用
        for(i=1;i<n;i++)
            x[sa[i]]=cmp(y,sa[i-1],sa[i],k)?p-1:p++;
        if(p>=n)//排序结束
            break;
        m=p;
    }
}

void calheight(int *r,int *sa,int n){//求解 rank[]、height[]数组
    int i,j,k=0;
    for(i=1;i<=n;i++)
        rank[sa[i]]=i;
    for(i=0;i<n;i++){
        if(k)
            k--;
        j=sa[rank[i]-1];
        while(r[i+k]==r[j+k])
            k++;
        height[rank[i]]=k;
    }
}

bool check(int mid){//判断长度为mid时,重复次数是否大于或等于 k
    int cnt=0;
    for(int i=1;i<=n;i++){
        if(height[i]<mid)
            cnt=1;
        else if(++cnt>=k)
            return 1;
    }
    return 0;
}

void solve(){//用二分法求解
    int L=1,R=n,res=-1;
    while(L<=R){
        int mid=(L+R)>>1;
```

```
    if(check(mid)){//若满足条件，则记录答案，在后半部分继续搜索
        res=mid;
        L=mid+1;
    }
    else
        R=mid-1;
    }
    cout<<res<<endl;
}
```

✎ 训练2　音乐主题

题目描述（POJ1743）：音乐旋律被表示为由 n（$1 \leq n \leq 20\,000$）个音符组成的序列，它们是[1,88]区间的整数，每个音符都代表钢琴上的一个键。许多作曲家都在围绕一个重复的主题谱写音乐，该主题属于整个音乐旋律的子序列。音乐旋律的子序列是一个主题，若满足至少有 5 个音符而且在音乐片段的其他地方再次出现（不重叠，但可能存在转换，转换指该子序列中的每个音符都同时加上或减去一个值），则给定一个音乐旋律，计算最长主题的长度（音符数）。

输入：输入多个测试用例。每个测试用例的第 1 行都为 1 个整数 n，接着输入 n 个整数表示音符序列。在最后一个测试用例后跟 1 个 0。

输出：对于每个测试用例，都单行输出最长主题的长度。若没有主题，则输出 0。

输入样例	输出样例
30	5
25 27 30 34 39 45 52 60 69 79 69 60 52 45 39 34 30	
26 22 18 82 78 74 70 66 67 64 60 65 80	
0	

题解：本题求解不重叠、长度大于或等于 5 的最长重复子串的长度，可以首先将本题转换为子串问题，然后用后缀数组及二分法求解。

因为主题的子序列可能同时加上或减去一个数，比如 34 30 26 22 18 若同时加上 48，则转换为 82 78 74 70 66，所以可以将数字序列逐项求差，转换为普通的子串问题。在差值序列上求解不重叠、长度大于或等于 4 的最长重复子串的长度 ans，因为差值序列比原序列长度少 1，所以需要输出 ans+1。

例如，对输入样例数据逐项求差后（从第 2 个开始，每个数都减去前一个数），序列如下：

```
2 3 4 5 6 7 8 9 10 -10 -9 -8 -7 -6 -5 -4 -4 -4 -4 -64 -4 -4 -4 -4 1 -3 -4 5 15
```

不重叠、长度大于或等于 4 的最长重复子串为-4 -4 -4 -4，长度为 4，原序列是 34 30 26 22 18，长度为 5。

1．算法设计

（1）逐项求差，将问题转换为求解子串的普通问题。

（2）求解 sa[] 数组。

（3）求解 rank[]、height[] 数组。

（4）用二分法求解，对于特定的长度 mid，判断是否满足 height[i]≥mid，且 sa[] 数组的最大、最小差值也大于或等于 mid（保证不重叠）。

2．算法实现

```
void da(int *r,int *sa,int n,int m){}//求解 sa[] 数组，代码略
void calheight(int *r,int *sa,int n){}//求解 rank[]、height[] 数组，代码略
bool check(int mid){//检测是否满足条件
    int mx=sa[1],mn=sa[1];
    for(int i=2;i<=n;i++){
        if(height[i]>=mid){
            mx=max(mx,sa[i]);
            mn=min(mn,sa[i]);
            if(mx-mn>=mid)
                return 1;
        }
        else{
            mx=sa[i];
            mn=sa[i];
        }
    }
    return 0;
}

void solve(){//用二分法求解
    int L=4,R=n,res=-1;//答案必须大于或等于 4
    while(L<=R){
        int mid=(L+R)>>1;
        if(check(mid)){ //若满足条件，则记录答案，在后半部分继续搜索
            res=mid;
            L=mid+1;
        }
        else
            R=mid-1;
    }
    if(res<4)
        printf("0\n");
    else
        printf("%d\n",res+1);
}
```

第3章

树上操作

3.1 树链剖分

链剖分指对树的边进行划分,目的是减少在链上进行修改、查询等操作的复杂度。链剖分有三类:轻重链剖分、虚实链剖分和长链剖分。树链剖分属于轻重链剖分。

节点与重孩子(子树上节点数最多的孩子)之间的路径为重链。在进行树链剖分时,会将树划分为多条重链,保证每个节点都属于且只属于一条重链。每条重链都相当于一个区间,首先将所有重链的首、尾相接,组成一个线性节点序列,然后通过数据结构(如树状数组、伸展树、线段树等)来维护它即可。树链剖分的应用比倍增更广泛,倍增可以做的,树链剖分一定可以做,反过来则不行。在树链剖分过程中进行代码调试不难,代码复杂度也不算特别高。

若 size[u]表示以节点 u 为根的子树的节点数,则在节点 u 的所有孩子中,size[]值最大的孩子就是重孩子,其他孩子都是轻孩子;若 size[]值最大的孩子有多个,则选哪个作为重孩子都可以。当前节点与其重孩子之间的边就是重边,其他边都是轻边,多条重边相连为一条重链。一棵树如下图所示,其中长度大于 1 的重链有两条:1-3-6-8、2-5;单个轻孩子可被视作一条长度为 1 的重链:4、7。图中共有 4 条重链。图中深色的节点是重孩子,加粗的边是重边。

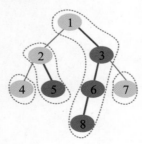

重要性质：

- 若节点 v 是轻孩子，节点 u 是节点 v 的双亲，则 $size[v] \leq size[u]/2$；
- 在根与某节点之间的路径上有不超过 $\log_2 n$ 条重链、不超过 $\log_2 n$ 条轻边。

树链剖分支持以下操作。

（1）单点修改：修改一个节点的权值。

（2）区间修改：修改节点 u、v 之间的路径上节点的权值。

（3）区间最值查询：查询节点 u、v 之间的路径上节点权值的最值（最大值或最小值）。

（4）区间和查询：查询节点 u、v 之间的路径上节点权值的和。

3.1.1 预处理

对于树链剖分，可以用两次深度优先搜索实现。

第 1 次深度优先搜索维护 4 个数组：dep[]、fa[]、size[]和 son[]数组。

- dep[u]：节点 u 的深度。
- fa[u]：节点 u 的双亲。
- size[u]：以节点 u 为根的子树的节点数。
- son[u]：节点 u 的重孩子，u–son[u]为重边。

第 2 次深度优先搜索以优先走重边为原则，维护 3 个数组：top[]、id[]和 rev[]数组。

- top[u]：节点 u 所在重链上的顶端节点的编号（该重链上深度最小的节点）。
- id[u]：节点 u 在节点序列中的位置下标。
- rev[x]：节点序列中第 x 个位置的节点。

id[]数组与 rev[]数组是互逆的。例如，若节点 u 在节点序列中的位置下标是 x，则节点序列中第 x 个位置的节点是节点 u，id[u]=x，rev[x]=u。对上面的树进行树链剖分后，将所有重链都放到一起组成一个节点序列：[1,3,6,8],[7],[2,5],[4]。节点序列中第 4 个位置的节点是节点 8，节点 8 的存储空间的下标是 4，即 rev[4]=8，id[8]=4。预处理的时间复杂度为 $O(n)$。

3.1.2 求解最近公共祖先

可以用树链剖分求解最近公共祖先。首先用两次深度优先搜索实现树链剖分的预处理操作。

算法代码：

```
void dfs1(int u,int f) {//求解 dep、fa、size、son
    size[u]=1;
```

```
for(int i=head[u];i;i=e[i].next){
    int v=e[i].to;
    if(v==f)//双亲
        continue;
    dep[v]=dep[u]+1;//深度
    fa[v]=u;
    dfs1(v,u);
    size[u]+=size[v];
    if(size[v]>size[son[u]])
        son[u]=v;
    }
}

void dfs2(int u) {//求解 top
    if(u==son[fa[u]])
        top[u]=top[fa[u]];
    else
        top[u]=u;
    for(int i=head[u];i;i=e[i].next){
        int v=e[i].to;
        if(v!=fa[u])
            dfs2(v);
    }
}
```

树上的任意一对节点(u,v)只存在两种情况：①在同一条重链上（top[u]=top[v]）；②不在同一条重链上。

对于第①种情况，节点 u、v 中深度较小的节点就是 LCA(u,v)。例如，在下图中求解节点 3、8 的最近公共祖先时，因为节点 3、8 在同一条重链上且节点 3 的深度较小，所以 LCA(3,8)=3。

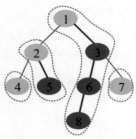

对于第②种情况，只要想办法将节点 u、v 转移到同一条重链上，再求解即可。首先求解节点 u、v 所在重链上的顶端节点 top[u] 和 top[v]，将其顶端节点中深度最大的节点上移，直到节点 u、v 在同一条重链上，然后用在第①种情况中用到的方法求解即可。

如下图所示，求解节点 7、8 的最近公共祖先，节点 7、8 不在同一条重链上，首先求解两个节点所在重链上的顶端节点：top[7]=7，top[8]=1，dep[1]<dep[7]，因为节点 7 的顶端节点的深度最大，所以将节点 v 从节点 7 上移到其顶端节点的双亲 3，此时节点 3、8 在同一条重链上，且节点 3 的深度较小，LCA(7,8)=3。

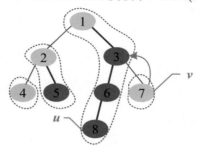

求解节点 5、7 的最近公共祖先，节点 5、7 不在同一条重链上，首先求解两个节点所在重链上的顶端节点：top[5]=2，top[7]=7，dep[2]<dep[7]，因为节点 7 的顶端节点的深度最大，所以将节点 v 从节点 7 上移到其顶端节点的双亲 3。

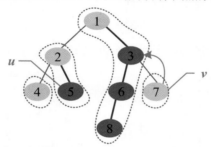

求解节点 3 所在重链上的顶端节点：top[3]=1，dep[1]<dep[2]，因为节点 5 的顶端节点的深度最大，所以将节点 u 从节点 5 上移到其顶端节点的双亲 1，此时节点 1、3 在同一条重链上，且节点 1 的深度较小，LCA(5,7)=1。

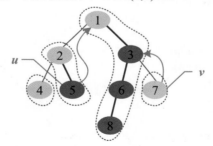

算法代码：

```
int LCA(int u,int v) {//求解节点u、v的最近公共祖先
    while(top[u]!=top[v]) {//不在同一条重链上
        if(dep[top[u]]>dep[top[v]])//将顶端节点中深度最大的节点上移
            u=fa[top[u]];
```

```
        else
            v=fa[top[v]];
    }
    return dep[u]>dep[v]?v:u;//返回深度小的节点
}
```

3.1.3 树链剖分与线段树

若在树上进行点更新、区间更新、区间查询等操作，则可以用线段树来维护和处理。

例如，一棵树如下图所示。

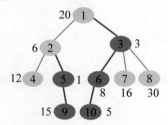

树链剖分之后的节点序列、下标序列和节点序列对应的权值序列如下图所示。

	1	2	3	4	5	6	7	8	9	10
rev[]	1	3	6	10	8	7	2	5	9	4

	1	2	3	4	5	6	7	8	9	10
id[]	1	7	2	10	8	3	6	5	9	4

	1	3	6	10	8	7	2	5	9	4
w[]	20	3	8	5	30	16	6	1	15	12

根据权值序列创建线段树，如下图所示。

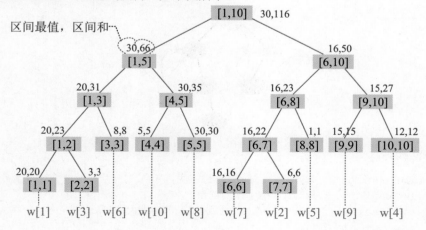

查询节点 u、v 之间的路径上节点权值的最值与和的方法如下。

- 若节点 u、v 在同一条重链上，则在线段树上查询其对应的下标区间[id[u],id[v]]即可。

- 若节点 u、v 不在同一条重链上，则一边查询，一边将节点 u、v 向同一条重链转移，之后用上面的方法进行处理。对于顶端节点中深度最大的节点，首先查询其到顶端节点的区间，然后一边上移一边查询，直到将其转移到同一条重链上，接着查询同一条重链上的区间。

例如，查询节点 6、9 之间的路径上节点权值的最值与和（包括节点 6 和节点 9），过程如下。

（1）读取 top[6]=1，top[9]=2，二者不相等，说明节点 6 和节点 9 不在同一条重链上，且 top[9]的深度最大，首先查询节点 top[9]、9 之间的路径上节点权值的最值与和。

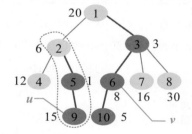

得到节点 2、9 对应的节点序列下标 7、9。

	1	2	3	4	5	6	7	8	9	10
id[]	1	7	2	10	8	3	6	5	9	4

然后在线段树上查询[7,9]区间的最值与和。[7,9]区间的最值与和：Max=15，Sum=22。

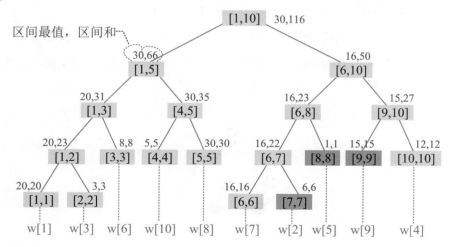

（2）将节点 *u* 上移到 top[9]（节点 2）的双亲（节点 1），节点 1、6 在同一条重链上。

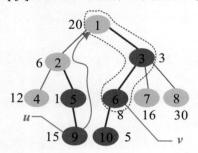

节点 1、6 对应的线段树的下标为 1 和 3。

	1	2	3	4	5	6	7	8	9	10
id[]	①	7	2	10	8	③	6	5	9	4

如下图所示，在线段树上查询到[1,3]区间的最值与和分别为 20、31，根据前面的结果求解最大值与和，Max=max(Max,20)=max(15,20)=20，Sum=Sum+31=22+31=53。

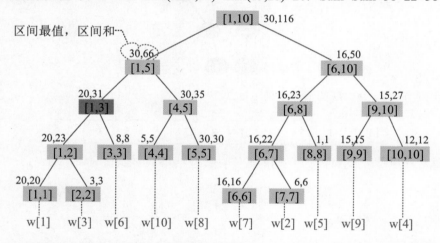

区间更新的方法与此类似，若待查询的两个节点不在同一条重链上，则一边更新，一边向同一条重链转移，最后在同一条重链上更新即可。

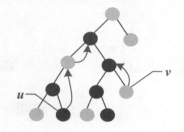

> **⚠ 注意** 在进行更新和查询时均需首先得到节点对应的线段树的下标,然后在线段树上更新和查询。

算法代码:

```
void dfs1(int u,int f) {//求解 dep、fa、size、son
    size[u]=1;
    for(int i=head[u];i;i=e[i].next){
        int v=e[i].to;
        if(v==f)//双亲
            continue;
        dep[v]=dep[u]+1;//深度
        fa[v]=u;
        dfs1(v,u);
        size[u]+=size[v];
        if(size[v]>size[son[u]])
            son[u]=v;
    }
}

void dfs2(int u,int t){//求解 top、id、rev
    top[u]=t;
    id[u]=++total;    //节点 u 对应的节点序列的下标
    rev[total]=u;    //节点序列的下标对应的是节点 u
    if(!son[u])
        return;
    dfs2(son[u],t);//沿着重孩子深度优先搜索
    for(int i=head[u];i;i=e[i].next){
        int v=e[i].to;
        if(v!=fa[u]&&v!=son[u])
            dfs2(v,v);
    }
}

void build(int k,int l,int r){//创建线段树,k 表示当前节点的存储空间的下标,对应[l,r]区间
    tree[k].l=l;
    tree[k].r=r;
    if(l==r){
        tree[k].mx=tree[k].sum=w[rev[l]];
        return;
    }
    int mid,lc,rc;
    mid=(l+r)/2;    //划分点
    lc=k*2;        //节点 k 的左孩子的存储空间的下标
    rc=k*2+1;      //节点 k 的右孩子的存储空间的下标
```

```
    build(lc,l,mid);
    build(rc,mid+1,r);
    tree[k].mx=max(tree[lc].mx,tree[rc].mx);//节点的最大值等于左、右孩子最值的最大值
    tree[k].sum=tree[lc].sum+tree[rc].sum;//节点的和等于左、右孩子的总和
}

void query(int k,int l,int r){//查询[l,r]区间的最值与和
    if(tree[k].l>=l&&tree[k].r<=r) {//找到该区间
        Max=max(Max,tree[k].mx);
        Sum+=tree[k].sum;
        return;
    }
    int mid,lc,rc;
    mid=(tree[k].l+tree[k].r)/2;//划分点
    lc=k*2;   //左孩子的存储空间的下标
    rc=k*2+1;//右孩子的存储空间的下标
    if(l<=mid)
        query(lc,l,r);//到左子树上查询
    if(r>mid)
        query(rc,l,r);//到右子树上查询
}

void ask(int u,int v){//查询节点u、v之间的路径上节点权值的最值与和
    while(top[u]!=top[v]) {//节点u、v不在同一条重链上
        if(dep[top[u]]<dep[top[v]])
            swap(u,v);
        query(1,id[top[u]],id[u]);//查询[id[top[u]],id[u]]区间的最值与和
        u=fa[top[u]];
    }
    if(dep[u]>dep[v])  //节点u、v在同一条重链上
        swap(u,v);      //若节点u的深度最大，则交换节点u、v，保证深度小的节点为u
    query(1,id[u],id[v]);
}

void update(int k,int i,int val){//将节点i的权值更新为val
    if(tree[k].l==tree[k].r&&tree[k].l==i){//找到节点i
        tree[k].mx=tree[k].sum=val;
        return;
    }
    int mid,lc,rc;
    mid=(tree[k].l+tree[k].r)/2;//划分点
    lc=k*2;   //左孩子的存储空间的下标
    rc=k*2+1;//右孩子的存储空间的下标
    if(i<=mid)
        update(lc,i,val);//到左子树上更新
    else
```

```
        update(rc,i,val);//到右子树上更新
    tree[k].mx=max(tree[lc].mx,tree[rc].mx);//在返回时更新最值
    tree[k].sum=tree[lc].sum+tree[rc].sum;//在返回时更新和
}
```

算法分析：使用树链剖分时，进行预处理的时间复杂度为 $O(n)$，每次进行更新和查询的时间复杂度都为 $O(\log n)$。

训练1 树上距离

题目描述（**HDU2586**）：有 n 栋房屋，这些房屋由一些双向道路连接起来。在每两栋房屋之间都有一条独特的简单道路（即两个房屋之间的路径是唯一的）。人们每天总是喜欢这样问："我从房屋 A 到房屋 B 需要走多远？"

输入：第 1 行是 1 个整数 T（$T \leqslant 10$），表示测试用例的数量。每个测试用例的第 1 行都为 2 个整数 n（$2 \leqslant n \leqslant 40\,000$）和 m（$1 \leqslant m \leqslant 200$），分别表示房屋数量和查询数量。接下来的 $n-1$ 行，每行都为 3 个数字 i、j、k，表示有一条道路连接房屋 i 和房屋 j，道路长度为 k（$0 < k \leqslant 40\,000$），房屋被标记为 $1 \sim n$。接下来的 m 行，每行都为 2 个不同的整数 i 和 j。求解房屋 i、j 之间的距离。

输出：对于每个测试用例，都输出 m 行查询答案，在每个测试用例后都输出 1 个空行。

输入样例	输出样例
2	10
3 2	25
1 2 10	
3 1 15	100
1 2	100
2 3	
2 2	
1 2 100	
1 2	
2 1	

题解：由于本题中任意两个房子之间的路径都是唯一的，找它们之间的距离等价于在树上找两个节点之间的距离，所以可以用求解最近公共祖先的方法求解。求解最近公共祖先的方法有很多，例如树上倍增+ST 算法，在此用树链剖分解决。

1. 算法设计

（1）用树链剖分将树转换为线性序列。

（2）求解两个节点的最近公共祖先。

（3）求解节点 u、v 之间的距离。若节点 u、v 的最近公共祖先为节点 lca，则节点 u、v 之间的距离为节点 u 与根之间的距离加上节点 v 与根之间的距离，减去 2 倍的节点 lca 与根之间的距离：$dist[u]+dist[v]-2\times dist[lca]$。

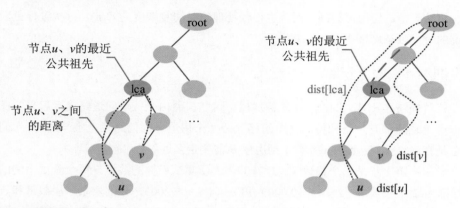

2. 算法实现

```
void dfs1(int u,int f){//求解 dep、fa、size、son、dist
    size[u]=1;
    for(int i=head[u];i;i=e[i].next){
        int v=e[i].to;
        if(v==f)//双亲
            continue;
        dep[v]=dep[u]+1;//深度
        fa[v]=u;
        dist[v]=dist[u]+e[i].c;//距离
        dfs1(v,u);
        size[u]+=size[v];
        if(size[v]>size[son[u]])
            son[u]=v;
    }
}

void dfs2(int u){//求解 top
    if(u==son[fa[u]])
        top[u]=top[fa[u]];
    else
        top[u]=u;
    for(int i=head[u];i;i=e[i].next){
        int v=e[i].to;
        if(v!=fa[u])
            dfs2(v);
    }
}
```

```
int LCA(int u,int v){//求解节点 u、v 的最近公共祖先
    while(top[u]!=top[v]){//不在同一条重链上
        if(dep[top[u]]>dep[top[v]])
            u=fa[top[u]];
        else
            v=fa[top[v]];
    }
    return dep[u]>dep[v]?v:u;//返回深度小的节点
}

for(int i=1;i<=m;i++){
    cin>>x>>y;
    lca=LCA(x,y);
    cout<<dist[x]+dist[y]-2*dist[lca]<<endl;//输出节点 x、y 之间的距离
}
```

训练 2　树上操作

题目描述（**POJ3237**）：一棵树的节点编号为 $1\sim n$，边的编号为 $1\sim n-1$，每条边都有权值。在树上执行一系列指令，如下表所示。

指令形式	解　　释
CHANGE i v	将第 i 条边的权值修改为 v
NEGATE a b	将节点 a、b 之间的路径上每条边的权值都修改为其相反数
QUERY a b	查询节点 a、b 之间的路径上边的最大权值

输入：输入多个测试用例。第 1 行为测试用例的数量 T（$T\leqslant20$）。在每个测试用例的前面都有 1 个空行。每个测试用例的第 1 行都为树的节点数 n（$n\leqslant10\,000$）。接下来的 $n-1$ 行，每行都为 3 个整数 a、b 和 c，表示边的 2 个节点及权值。对边按输入的顺序进行编号。接下来输入指令（见上表），以输入"DONE"表示输入结束。

输出：对于每条 QUERY 指令，都单行输出结果。

输入样例

```
1

3
1 2 1
2 3 2
QUERY 1 2
CHANGE 1 3
QUERY 1 2
DONE
```

输出样例

```
1
3
```

　　题解： 在本题中可以将边的权值看作点的权值，将边的权值下沉到节点，即让深度最大的节点的权值等于边的权值。例如，边 (u,v) 的权值为 w，若 $dep[u]>dep[v]$，则节点 u 的权值为 w。本题涉及树上点更新、区间更新和区间最值查询，可以首先用树链剖分将树形结构线性化，然后用线段树进行以上 3 种操作。

　　1．算法设计

　　（1）进行第 1 次深度优先遍历，求解 dep、fa、size、son；进行第 2 次深度优先遍历，求解 top、id、rev。

　　（2）创建线段树。

　　（3）点更新。节点 u 的下标 $i=id[u]$，将其值更新为 val。

　　（4）区间查询。查询节点 u、v 之间的路径上边的最大权值。若节点 u、v 不在同一条重链上，则一边查询，一边向同一条重链靠拢；若节点 u、v 在同一条重链上，则根据节点的下标在线段树上进行区间查询。

> **！注意**　因为本题是将边的权值转换为节点的权值，所以实际查询的区间应为 query(1,id[son[u]],id[v])。

　　（5）区间更新。将节点 u、v 之间的路径上每条边的权值都修改为其相反数。像区间查询一样，需要判断节点 u、v 是否在同一条重链上并分别进行处理。之后更新最值，可以将最大值和最小值都修改为其相反数后交换，并做懒标记。

　　2．算法实现

```
void dfs1(int u,int f){}//求解dep、fa、size、son
void dfs2(int u,int t){}//求解top、id、rev
void build(int i,int l,int r){}//创建线段树，当前节点的存储空间的下标为i，对应[l,r]区间
void push_up(int i){//上传
    tree[i].Max=max(tree[i<<1].Max,tree[(i<<1)|1].Max);
    tree[i].Min=min(tree[i<<1].Min,tree[(i<<1)|1].Min);
}

void push_down(int i){//下传
    if(tree[i].l==tree[i].r) return;
    if(tree[i].lazy){//下传给左、右孩子，懒标记清零
        tree[i<<1].Max=-tree[i<<1].Max;
        tree[i<<1].Min=-tree[i<<1].Min;
        swap(tree[i<<1].Min,tree[i<<1].Max);
        tree[(i<<1)|1].Max=-tree[(i<<1)|1].Max;
        tree[(i<<1)|1].Min=-tree[(i<<1)|1].Min;
        swap(tree[(i<<1)|1].Max,tree[(i<<1)|1].Min);
        tree[i<<1].lazy^=1;
        tree[(i<<1)|1].lazy^=1;
```

```
            tree[i].lazy=0;
        }
}

void update(int i,int k,int val){//点更新，线段树的第k个值为val
    if(tree[i].l==k&&tree[i].r==k){
        tree[i].Max=val;
        tree[i].Min=val;
        tree[i].lazy=0;
        return;
    }
    push_down(i);
    int mid=(tree[i].l+tree[i].r)/2;
    if(k<=mid) update(i<<1,k,val);
    else update((i<<1)|1,k,val);
    push_up(i);
}

void update2(int i,int l,int r){//区间更新，将线段树上[l,r]区间的权值都修改为其相反数
    if(tree[i].l>=l&&tree[i].r<=r){
        tree[i].Max=-tree[i].Max;
        tree[i].Min=-tree[i].Min;
        swap(tree[i].Max,tree[i].Min);
        tree[i].lazy^=1;
        return;
    }
    push_down(i);
    int mid=(tree[i].l+tree[i].r)/2;
    if(l<=mid) update2(i<<1,l,r);
    if(r>mid) update2((i<<1)|1,l,r);
    push_up(i);
}

void query(int i,int l,int r){//区间查询，查询线段树上[l,r]区间的最大值
    if(tree[i].l>=l&&tree[i].r<=r){//找到该区间
        Max=max(Max,tree[i].Max);
        return;
    }
    push_down(i);
    int mid=(tree[i].l+tree[i].r)/2;
    if(l<=mid) query(i<<1,l,r);
    if(r>mid) query((i<<1)|1,l,r);
    push_up(i);
}

void ask(int u,int v){//查询节点u、v之间的路径上边的最大权值
```

```
    while(top[u]!=top[v]){//不在同一条重链上
        if(dep[top[u]]<dep[top[v]])
            swap(u,v);
        query(1,id[top[u]],id[u]);//查询[id[top[u]],id[u]]区间的最大值
        u=fa[top[u]];
    }
    if(u==v) return;
    if(dep[u]>dep[v])//在同一条重链上
        swap(u,v); //若节点u的深度最大，则交换节点u、v
    query(1,id[son[u]],id[v]);//注意：是son[u]
}

void Negate(int u,int v){//将节点u、v之间的路径上每条边的权值都修改为其相反数
    while(top[u]!=top[v]){//不在同一条重链上
        if(dep[top[u]]<dep[top[v]])
            swap(u,v);
        //将[id[top[u]],id[u]]区间的权值都修改为其相反数
        update2(1,id[top[u]],id[u]);
        u=fa[top[u]];
    }
    if(u==v) return;
    if(dep[u]>dep[v])//在同一条重链上
        swap(u,v); //若节点u的深度最大，则交换节点u、v
    update2(1,id[son[u]],id[v]);//将[id[son[u]],id[v]]区间的权值都修改为其相反数
}
```

3.2 点分治

分治法指将规模较大的问题分解为规模较小的子问题，在解决各个子问题后将子问题的解合并，得到原问题的解。树上的分治法分为点分治和边分治。点分治经常用于带权树上的路径统计，本质上是一种已优化的暴力算法，融入了容斥的思想。分治法的核心是分解和治理。数列上的分治法，通常对数列二等分，得到的两个子问题规模相当。若将 n 个数分解为 1、$n-1$，则分治法会退化为暴力穷举法。那么，怎么对树进行划分呢？

3.2.1 树的重心

对树的划分要尽量均衡，不要出现一个子问题太大、另一个子问题太小的情况。也就是说，期望划分后每棵子树的节点数都不超过 $n/2$。那么，选择哪个节点作为划分点呢？可以选择树的重心。树的重心指树上的某个节点，删除该节点后得到的最大子树的节点数最小。

定理：删除重心后得到的所有子树，其节点数必不超过 $n/2$。

证明：若节点 s 为树的重心，则删除节点 s 后得到的最大子树 T_1 的节点数最小。假设 T_1 的节点数为 m（$m>n/2$），则以节点 s 为根的子树的节点数小于 $n/2$。若选择节点 t 作为重心，则得到的最大子树 T_2 的节点数为 $m-1$，很明显，$T_2<T_1$，删除节点 s 后得到的最大子树 T_1 的节点数显然不是最小的，这与"节点 s 是树的重心"矛盾。

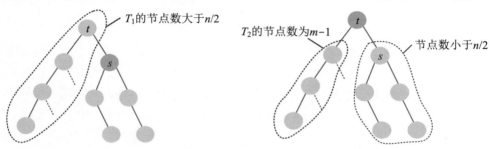

3.2.2 重心分解

因为以树的重心为划分点，每次划分后得到的子树的大小减半，所以递归树的高度为 $O(\log n)$，求解问题的效率较高。

✎ 训练 1 树上两个节点之间的路径数

题目描述（POJ1741）：一棵有 n 个节点的树，每条边都有 1 个长度（为小于 1 001 的正整数），dist(u, v) 为节点 u、v 之间的最小距离。给定 1 个整数 k，每对节点(u, v) 当且仅当 dist(u, v) 不超过 k 时才称之为有效。计算在给定的树上有多少对节点是有效的。

输入：输入一些测试用例。每个测试用例的第 1 行都为 2 个整数 n、k（$n \leqslant 10\,000$）。接下来的 $n-1$ 行，每行都为 3 个整数 u、v、l，表示边的 2 个节点和该边的长度。以输入 2 个 0 表示输入结束。

输出：对于每个测试用例，都单行输出答案。

输入样例	输出样例
5 4	8
1 2 3	
1 3 1	
1 4 2	
3 5 1	
0 0	

题解：根据测试用例的输入数据，树形结构如下图所示。树上距离不超过 4 的有

8 对节点：(1, 2)、(1, 3)、(1, 4)、(1, 5)、(2, 3)、(3, 4)、(3, 5)、(4, 5)。

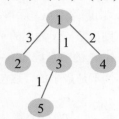

查询树上有多少对节点之间的距离不超过 k，相当于查询树上两个节点之间的距离不超过 k 的路径有多少条，可以用点分治解决。以树的重心 root 为划分点，节点 u、v 之间的路径分为两种：①经过 root；②不经过 root（两个节点均在 root 的一棵子树上）。只需求解第①种路径，对第②种路径继续用重心分解即可得到，如下图所示。

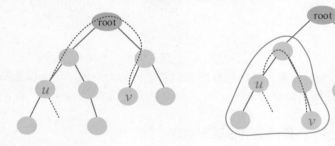

1. 算法设计

（1）求解树的重心 root。

（2）从树的重心 root 出发，统计每个节点与 root 之间的距离。

（3）首先将距离数组排序，然后进行双指针扫描，统计以 root 为根的子树上满足条件的路径数。

（4）对 root 的每棵子树 v（以节点 v 为根的子树）都减去被重复统计的路径数。

（5）从节点 v 出发重复上述过程。

2. 完美图解

一棵树如下图所示，求解树上两个节点之间的距离（路径的长度）不超过 4 的路径数。

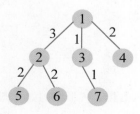

（1）求解树的重心，root=1。

（2）从树的重心 root 出发，统计每个节点与 root 之间的距离，得到距离数组 dep[]。

	1	2	3	4	5	6	7
dep[]	0	3	1	2	5	5	2

（3）首先将距离数组非递减排序，结果如下图所示。然后进行双指针扫描，统计以 root 为根的子树上满足条件的路径数。

	1	2	3	4	5	6	7
dep[]	0	1	2	2	3	5	5

- $L=1$，$R=7$，若 dep[L]+dep[R]>4，则 R--。

	1	2	3	4	5	6	7
dep[]	0	1	2	2	3	5	5

- $L=1$，$R=5$，若 dep[L]+dep[R]<=4，则 ans+=R−L=4，L++。

	1	2	3	4	5	6	7
dep[]	0	1	2	2	3	5	5

为什么这么计算呢？因为序列从右向左递减，所以当 dep[L]+dep[R]≤4 时，(L, R) 区间的其他节点的 dep[] 与 dep[L] 的和必然也小于或等于 4，该区间的节点数为 R−L，累加即可。

- $L=2$，$R=5$，若 dep[L]+dep[R]≤4，则 ans+=R−L=7，L++。

	1	2	3	4	5	6	7
dep[]	0	1	2	2	3	5	5

- $L=3$，$R=5$，若 dep[L]+dep[R]>4，则 R--。

	1	2	3	4	5	6	7
dep[]	0	1	2	2	3	5	5

- $L=3$，$R=4$，若 dep[L]+dep[R]≤4，则 ans+=R−L=8，L++，此时 $L=R$，算法停止。

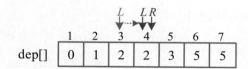

以节点 1 为根的子树上满足条件的路径有 8 条。在这些路径中，有些是合并路径，例如，两条路径 1-2 和 1-3 的长度之和为 4。这相当于将两条路径合并为路径 2-1-3，长度为 4。

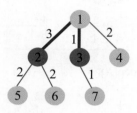

长度小于或等于 4 的 8 条路径如下表所示。

编 号	路径（路径长度）	路径（路径长度）	合并路径（路径长度）
1	1-2（3）	—	—
2	1-3（1）	—	—
3	1-4（2）	—	—
4	1-3-7（2）	—	—
5	1-2（3）	1-3（1）	2-1-3（4）
6	1-3（1）	1-4（2）	3-1-4（3）
7	1-3（1）	1-3-7（2）	1-3-7（3）
8	1-4（2）	1-3-7（2）	4-1-3-7（4）

第 7 条合并路径是错误的。路径 1-3 和 1-3-7 的长度之和虽然小于 4，但是不可以作为合并路径，因为树上任意两个节点之间的路径都是不重复的。因为在路径 1-3 和 1-3-7 之间有重复的路径，所以这样的路径不可以作为合并路径。可以首先统计该路径，然后在处理以节点 3 为根的子树时去重。

（4）首先将 root 的每棵子树 v 都去重，然后求解以节点 v 为根的子树的重心，重复上述过程。

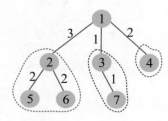

（5）去重。在以节点 2 为根的子树上没有被重复统计的路径。

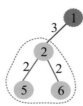

（6）以节点 2 为根的子树的重心为节点 2，该子树上满足条件的路径有 3 条，ans+3=11，这 3 条路径为 2-5、2-6、5-2-6（相当于路径 2-5 和 2-6 的合并路径，长度为 4）。

（7）去重。在以节点 3 为根的子树上有一条被重复统计的路径（路径 1-3 和 1-3-7 的合并路径），减去被重复统计的路径数，ans−1=10。

（8）以节点 3 为根的子树的重心为节点 3，该子树上满足条件的路径有 1 条（路径 3-7），长度为 1，ans+1=11。

（9）以节点 4 为根的子树的重心为节点 4，在该子树上没有被重复统计的路径，也没有满足条件的路径。

3．算法实现

（1）求解树的重心。只需进行一次深度优先遍历，找到删除该节点后最大子树最小的节点。用 f[u]表示删除节点 u 后最大子树的节点数，size[u]表示以节点 u 为根的子树的节点数，S 表示整棵子树的节点数。首先统计节点 u 的最大子树的节点数 f[u]，然后取 f[u]与 S−size[u]中的最大值。

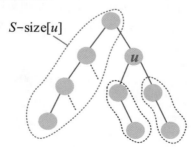

若 f[u]<f[root]，则更新当前树的重心，root=u。

算法代码：

```
void getroot(int u,int fa){//获取重心
    size[u]=1;
    f[u]=0;//删除节点 u 后最大子树的大小
    for(int i=head[u];i;i=edge[i].next){
        int v=edge[i].to;
        if(v!=fa&&!vis[v]){
            getroot(v,u);
            size[u]+=size[v];
            f[u]=max(f[u],size[v]);
        }
    }
    f[u]=max(f[u],S-size[u]);//S 为当前子树的总节点数
    if(f[u]<f[root])
        root=u;
}
```

（2）统计每个节点与重心之间的距离。将 dep[0]用于计数，首先将其初始化为 0，然后进行深度优先遍历，最后将每个节点与重心之间的距离都存入 dep[]数组。

算法代码：

```
void getdep(int u,int fa){//获取距离，传参时 u=root，root 为重心
    dep[++dep[0]]=d[u];//存储距离数组
    for(int i=head[u];i;i=edge[i].next){
        int v=edge[i].to;
        if(v!=fa&&!vis[v]){
            d[v]=d[u]+edge[i].w;
            getdep(v,u);
        }
    }
}
```

（3）统计以重心为根的子树上满足条件的路径数。首先初始化 d[u]=dis 且 dep[0]=0（用于计数），将每个节点与重心之间的距离都存入 dep[]数组。然后将 dep[]数组排序，L=1，R=dep[0]（dep[]数组末尾的下标），用 sum 累加满足条件的路径数。

算法代码：

```
int getsum(int u,int dis){ //获取以重心为根的子树上满足条件的路径数，传参时 u=root，root
                           //为重心
    d[u]=dis;
    dep[0]=0;
    getdep(u,0);
```

```
    sort(dep+1,dep+1+dep[0]);
    int L=1,R=dep[0],sum=0;
    while(L<R)
        if(dep[L]+dep[R]<=k)
            sum+=R-L,L++;
        else
            R--;
    return sum;
}
```

（4）首先将以重心为根的所有子树都去重，然后递归求解。对重心的每个孩子 v，都减去以节点 v 为根的子树上被重复统计的答案，之后从节点 v 出发，重复上述过程。

算法代码：

```
void solve(int u){ //求解答案，传参时 u=root，root 为重心
    vis[u]=true;
    ans+=getsum(u,0);
    for(int i=head[u];i;i=edge[i].next){
        int v=edge[i].to;
        if(!vis[v]){
            ans-=getsum(v,edge[i].w);//去重
            root=0;
            S=size[v];
            getroot(v,u);
            solve(root);
        }
    }
}
```

4. 算法分析

因为每次都将树的重心作为划分点，点分治至多递归 $O(\log n)$ 层，在 dep[] 数组中进行排序操作的时间复杂度为 $O(n\log n)$，所以总时间复杂度为 $O(n\log^2 n)$。

✏️ 训练 2 游船之旅

题目描述（**POJ2114**）：河流网络在外形上总是像一棵树（以村庄为节点）。定价策略非常简单：在两个村庄之间的每条河流上旅行都有一个价格（两个方向的价格相同），而且任意两个村庄之间的旅行价格都是唯一的。已知河流网络的描述，包括在河流上旅行的价格和整数序列 $(x_1, \cdots, x_k)$。对于每个 x_i，都需要确定是否存在一对村庄 (a,b)，使得村庄 a、b 之间的旅行价格恰好是 x_i。

输入：输入多个测试用例，每个测试用例的第 1 行都为 1 个整数 n（$1 \leq n \leq 10^4$），表示村庄数。接下来的 n 行，第 i 行描述村庄 i 相关的河流信息，格式为整数 d_1 $c_1 \cdots$

d_j $c_j\cdots d_{ki}$ c_{ki} 0，d_j 表示从村庄 i 出发的河流直接流向的村庄编号，c_j 表示村庄 i 与 d_j 之间的旅行价格，$2\leqslant d_j\leqslant n$，$0\leqslant c_j\leqslant 1\,000$。村庄 1 在河流的源头。在接下来的 m（$m\leqslant 100$）行查询中，第 i 行查询为单个整数 x_i（$1\leqslant x_i\leqslant 10^7$）。每个测试用例都以输入 1 个 0 表示输入结束，整个输入以输入 1 个 0 表示输入结束。

输出：对于每个测试用例，都输出 m 行查询结果。若在河流网络中存在旅行价格为 x_i 的两个村庄，则输出 "AYE"，否则输出 "NAY"。在每个测试用例之后都单行输出 1 个 "."。

输入样例	输出样例
6	AYE
2 5 3 7 4 1 0	AYE
0	NAY
5 2 6 3 0	AYE
0	.
0	
0	
1	
8	
13	
14	
0	
0	

对输入样例中的数据解释如下。

- 6：表示 6 个村庄。
- 2 5 3 7 4 1 0：表示从村庄 1 到村庄 2 的旅行价格为 5，从村庄 1 到村庄 3 的旅行价格为 7，从村庄 1 到村庄 4 的旅行价格为 1。
- 0：表示从村庄 2 出发没有河流。
- 5 2 6 3 0：表示从村庄 3 到村庄 5 的旅行价格为 2，从村庄 3 到村庄 6 的旅行价格为 3。
- 0：表示从村庄 4 出发没有河流。
- 0：表示从村庄 5 出发没有河流。
- 0：表示从村庄 6 出发没有河流。

创建的树形结构如下图所示。

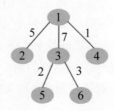

查询结果如下。

- 1：表示存在旅行价格为 1 的两个村庄 1、4，输出"AYE"。
- 8：表示存在旅行价格为 8 的两个村庄 3、4，输出"AYE"。
- 13：表示不存在旅行价格为 13 的两个村庄，输出"NAY"。
- 14：表示存在旅行价格为 14 的两个村庄 2、5，输出"AYE"。

本题查询树上两个节点之间和为 k 的路径是否存在，可以用点分治算法解决。

1．算法设计

（1）求解树的重心 root。

（2）从树的重心 root 出发，统计每个节点与 root 之间的距离。

（3）首先将距离数组排序，然后进行双指针扫描，统计以 root 为根的子树上满足条件的路径数。

（4）将 root 的每棵子树 v（以节点 v 为根的子树）都减去被重复统计的路径数。

（5）从节点 v 出发重复上述过程。

2．完美图解

从一棵树的重心 root 出发，统计每个节点与 root 之间的距离，在得到距离数组 dep[] 后，求解两个节点之间和为 4 的路径数。

（1）例如，首先将距离数组排序（本数据与测试用例无关），结果如下图所示。然后进行双指针扫描，统计以 root 为根的子树上两个节点之间和为 4 的路径数。

	1	2	3	4	5	6	7	8	9	10
dep[]	0	1	1	2	2	2	3	3	5	5

（2）$L=1$，$R=10$，因为 dep[L]+dep[R]>4，所以 R--。

	1	2	3	4	5	6	7	8	9	10
dep[]	0	1	1	2	2	2	3	3	5	5

（3）$L=1$，$R=8$，因为 dep[L]+dep[R]<4，所以 L++。

	1	2	3	4	5	6	7	8	9	10
dep[]	0	1	1	2	2	2	3	3	5	5

（4）$L=2$，$R=8$，dep[L]+dep[R]=4。

（5）dep[L]≠dep[R]，令 st=L，ed=R，分别查找左侧和右侧第 1 个不相等的数，然后累加和为 4 的路径数：sum+=(st−L)×(R−ed)=4，分别是路径 2-7、2-8、3-7 和 3-8。更新 L=st 和 R=ed。

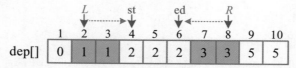

（6）dep[L]=dep[R]，说明[L,R]区间的元素全部相等，两两相加等于 4 的路径数为 $n(n-1)/2$，$n=R-L+1$。累加和为 4 的路径数：sum+=3×2/2=7，分别是路径 4-5、4-6 和 5-6。

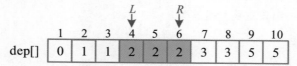

3. 算法实现

```
void getroot(int u,int fa){//获取重心
    size[u]=1;
    f[u]=0;//删除节点 u 后最大子树的大小
    for(int i=head[u];i;i=edge[i].next){
        int v=edge[i].to;
        if(v!=fa&&!vis[v]){
            getroot(v,u);
            size[u]+=size[v];
            f[u]=max(f[u],size[v]);
        }
    }
    f[u]=max(f[u],S-size[u]);//S 为当前子树的总节点数
    if(f[u]<f[root])
        root=u;
}

void getdep(int u,int fa){//获取距离
    dep[++dep[0]]=d[u];//存储距离数组
    for(int i=head[u];i;i=edge[i].next){
        int v=edge[i].to;
        if(v!=fa&&!vis[v]&&d[u]+edge[i].w<=k){
            d[v]=d[u]+edge[i].w;
            getdep(v,u);
```

```
        }
    }
}

int getsum(int u,int dis){  //获取以重心为根的子树上满足条件的路径数，传参时 u=root，root
                            //为重心
    d[u]=dis;
    dep[0]=0;
    getdep(u,0);
    sort(dep+1,dep+1+dep[0]);
    int L=1,R=dep[0],sum=0;
    while(L<R){
        if(dep[L]+dep[R]<k)
            L++;
        else if(dep[L]+dep[R]>k)
            R--;
        else{
            if(dep[L]==dep[R]){//两端相等，区间中间也相等，满足条件的路径数为 n(n-1)/2
                sum+=(R-L+1)*(R-L)/2;
                break;
            }
            int st=L,ed=R;
            while(dep[st]==dep[L])//找左侧第一个不相等的数
                st++;
            while(dep[ed]==dep[R])//找右侧第一个不相等的数
                ed--;
            sum+=(st-L)*(R-ed);//累加满足条件的路径数
            L=st,R=ed;
        }
    }
    return sum;
}

void solve(int u){ //求解答案，传参时 u=root，root 为重心
    vis[u]=true;
    ans+=getsum(u,0);
    for(int i=head[u];i;i=edge[i].next){
        int v=edge[i].to;
        if(!vis[v]){
            ans-=getsum(v,edge[i].w);//减去重复的路径数
            root=0;
            S=size[v];
            getroot(v,u);
            solve(root);
        }
    }
}
```

3.3 边分治

边分治指在树上选一条边，使得边两端的最大子树尽可能小，这条边被称为"中心边"。与点分治不同的是，中心边只会把树分成两棵子树，所以处理起来比较方便，找中心边的方法与找重心的方法一样，找使最大子树尽可能小的那一条边。

假设中心边为 x–y，则树上任意两个节点之间的路径分为两种：①经过 x–y；②不经过 x–y。第②种路径在某一端的子树上，对其只需递归求解即可。现在只考虑经过第①种路径，在处理完当前子树后删掉中心边，将树分成两棵子树，再进行递归操作，如下图所示。

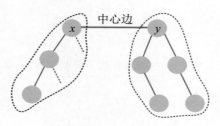

3.3.1 重建树

对菊花图（形状像菊花）进行分治后，所有路径都经过中心边，没有达到分治的效果，算法的时间复杂度退化为 $O(n)$。此时需要将树做一下转换，若一个节点有太多个孩子，则添加若干虚节点来管理它的孩子，这棵树变为二叉树（每个节点都不超过 2 度），每次分治的规模都减少一半，可以保证时间复杂度为 $O(\log n)$。菊花图转换为二叉树后如下图所示。

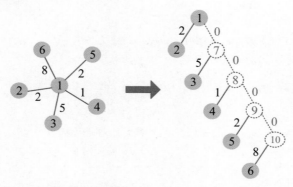

若有边的权值，则令真实边的权值为 w，虚边的权值为 0，不会影响查询两个节点之间距离的操作。若有节点的权值，则只要将虚节点的权值设置为原来那个双亲的

权值，就不会影响查询节点的权值中最小值的操作。在重建树之后，每次都首先找到一条边作为中心边，使得删掉这条边后的两棵子树中最大的子树尽可能小，然后分别处理左、右子树即可。

算法代码：

```
void build(int u,int fa){//重建树
    int father=0;
    for (int i=head[u];~i;i=edge[i].nxt) {//nxt 表示下一条边
        int v=edge[i].v,w=edge[i].w;
        if(v==fa)continue;
        if(father==0) {//还没有增加孩子，直接连上
            ADD(u,v,w);
            ADD(v,u,w);
            father=u;
        }
        else{ //若已经有了一个孩子，则创建一个新节点，把节点 v 连到新节点上
            mark[++N]=0;//标记虚节点
            ADD(N,father,0);
            ADD(father,N,0);
            father=N;
            ADD(v,father,w);
            ADD(father,v,w);
        }
        build(v,u);
    }
}
```

3.3.2 求解中心边

找中心边的方法与找重心类似，只需进行一次深度优先遍历，使删除该边后的最大子树最小。sz[u]表示以节点 u 为根的子树的节点数，sz[rt]表示以节点 rt 为根的子树的节点数。若 max(sz[u],sz[T[rt].rt]−sz[u])<Max，则更新 Max，中心边 midedge=code，如下图所示。

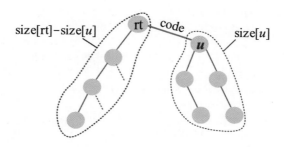

算法代码：

```
void dfs_midedge(int u, int code){
    if(max(sz[u],sz[T[rt].rt]-sz[u])<Max){
        Max=max(sz[u],sz[T[rt].rt]-sz[u]);
        midedge=code;
    }
    for(int i=Head[u];~i;i=E[i].nxt){
        int v=E[i].v;
        if(i!=(code^1))//非对向边
            dfs_midedge(v,i);
    }
}
```

3.3.3　中心边分解

（1）首先求解中心边 midedge，得到中心边的两个端点 p_1、p_2，然后删除节点 p_1 的邻接边 midedge^1，并且删除节点 p_2 的邻接边 midedge。

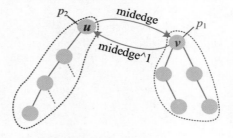

（2）分别从节点 p_1、p_2 出发，进行递归求解。

（3）更新根 rt 的 ans。

算法代码：

```
void DFS(int id, int u){
    rt=id; Max=N; midedge=-1;
    T[id].rt=u;//T[]树为边分治产生的树,记录每个节点的答案
    dfs_size(u,0,0);//求解子树的大小
    dfs_midedge(u,-1);//求解中心边
    if(~midedge){
        int p1=E[midedge].v; //以节点p1和p2为中心边的左、右端点
        int p2=E[midedge^1].v;
        T[id].midlen=E[midedge].w; //中心边的长度
        T[id].ls=++cnt; //左、右子树
        T[id].rs=++cnt;
        Delete(p1,midedge^1); //删除中心边
        Delete(p2,midedge);
```

```
    DFS(T[id].ls,p1);
    DFS(T[id].rs,p2);
}
PushUP(id);
}
```

✎ 训练 1 树上查询

题目描述（SPOJQTREE4）：有一棵由 n 个节点组成的树，节点编号为 $1\sim n$，每条边都有一个整数权值。每个节点都有一种颜色：白色或黑色。将 dist(a,b) 定义为节点 a、b 之间的路径上边的权值之和。最初，所有节点都是白色的。执行以下两种操作：①C a，修改节点 a 的颜色（从黑色到白色或从白色到黑色）；②A，查询相距最远的两个白色节点之间的距离 dist(a,b)，节点 a、b 都必须是白色的（a 可以等于 b）。显然，只要有一个白色节点，则结果总是非负数。

输入：第 1 行为 1 个整数 n（$n\leqslant10^5$），表示节点数。接下来的 $n-1$ 行，每行都为 3 个整数 a、b、c，表示在节点 a、b 之间有 1 条边，边的权值为 c（$-1\,000\leqslant c\leqslant1\,000$）。下一行为 1 个整数 m（$m\leqslant10^5$），表示指令数。接下来的 m 行，每行都为 1 条指令 C a 或 A。

输出：对于每条指令 A，都单行输出结果。若树上没有白色节点，则输出"They have disappeared."。

输入样例	输出样例
3	2
1 2 1	2
1 3 1	0
7	They have disappeared.
A	
C 1	
A	
C 2	
A	
C 3	
A	

题解：本题中的节点有黑、白两种颜色，边的权值可能为负，有变色和查询两种操作。因为本题中的节点可能变色，所以每次查询相距最远的两个白色节点之间的距离的难度较大，可以用边分治解决。

1. 算法设计

（1）重建树。添加虚节点，使每个节点都不超过 2 度，将虚节点的颜色定为黑色，虚边的权值为 0（对查询无影响）。

（2）求解子树的大小并创建距离树。T[rt]为边分治产生的树，记录根 rt 的答案和一个优先队列（最大值优先，记录子树上白色节点与根之间的距离）。

（3）找中心边，删掉中心边，递归求解左、右子树。

（4）求解 T[rt]的 ans。

（5）修改节点 u 的颜色。

下面重点讲解第 4、5 步。

求解 T[rt]的 ans 的过程：初始化 T[rt]的 ans 为-1，T[rt]优先队列中的黑色节点出队。若 T[rt]没有左、右孩子，而且 T[rt]的根为白色节点，则 rt 的 ans 为 0，否则 ans=max{左子树的 ans，右子树的 ans，左子树的最大距离+右子树的最大距离+中心边的长度}。

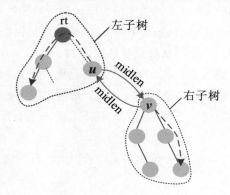

算法代码：

```
void PushUP(int rt) {//更新 rt 的 ans
    T[rt].ans=-1;//初始化为-1
    while(!T[rt].q.empty()&&mark[T[rt].q.top().u]==0)//黑色节点出队
        T[rt].q.pop();
    int ls=T[rt].ls, rs=T[rt].rs; //ls 为左孩子, rs 为右孩子
    if(ls==0&&rs==0){//根没有左、右孩子
        if(mark[T[rt].rt])//根为白色节点
            T[rt].ans=0;
    }
    else{
        if(T[ls].ans>T[rt].ans)//若左孩子的 ans 大于 rt 的 ans
            T[rt].ans=T[ls].ans;
        if(T[rs].ans>T[rt].ans)//若右孩子的 ans 大于 rt 的 ans
            T[rt].ans=T[rs].ans;
        if(!T[ls].q.empty()&&!T[rs].q.empty())//中心边的左、右孩子 ls、rs
            T[rt].ans=max(T[rt].ans,T[ls].q.top().dis+T[rs].q.top().dis+T[rt].
idlen);
    }
}
```

修改节点 u 的颜色的过程：将节点 u 的颜色取反，对于距离树上节点 u 的邻接点 v，若节点 u 变为白色节点，则首先将其加入节点 v 的优先队列，然后更新节点 v 的 ans；若节点 u 变为黑色节点，则更新时将其出队，重新计算 ans。

算法代码：

```
void update(int u) {//修改节点 u 的颜色
    mark[u]^=1;//颜色取反，即黑色变白色或白色变黑色
    for(int i=head[u];~i;i=edge[i].nxt){
        int v=edge[i].v,w=edge[i].w;
        if(mark[u]==1) //若节点 u 为白色节点，则将其加入节点 v 的优先队列
            T[v].q.push(point(u,w));
        PushUP(v);//更新节点 v 的 ans
    }
}
```

2．完美图解

一棵树如下图所示，初始时全部为白色节点，求解相距最远的两个白色节点之间的距离。

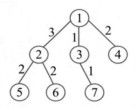

（1）重建树，添加虚节点，使每个节点都不超过 2 度，将虚节点的颜色定为黑色，虚边的权值为 0。

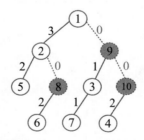

（2）求解子树的大小并建立距离树。将子树上的所有白色节点及其与根之间的距离都加入 T[] 树的根的优先队列。重建树、距离树和 T[] 树如下图所示。

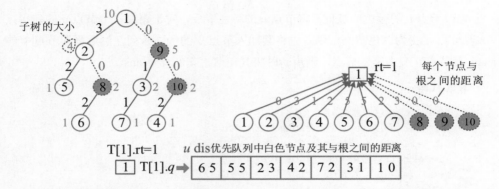

（3）求解中心边，找到的中心边为 1-9，中心边的权值为 0，如下图所示。将中心边的权值加入根的 midlen，将中心边的两个端点 p_1、p_2 作为根的左、右孩子进行递归求解。

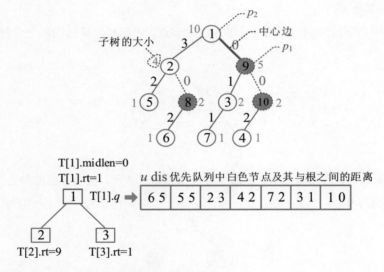

（4）删掉中心边，递归求解左、右子树。

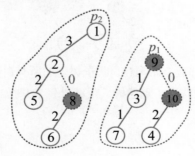

将子树上的所有白色节点及其与根之间的距离都加入根的优先队列。

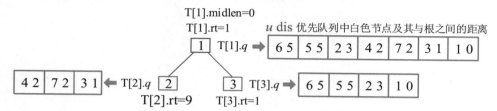

（5）求解。初始化根 rt 的 ans 为–1，rt 的优先队列中的黑色节点出队。若 rt 没有左、右孩子，且 rt 的根为白色节点，则 rt 的 ans 为 0；否则 ans=max{左子树的 ans，右子树的 ans，左子树的最大距离+右子树的最大距离+中心边的长度}，左、右子树优先队列中的第 1 个 dis 就是白色节点与该子树的根之间的最大距离。

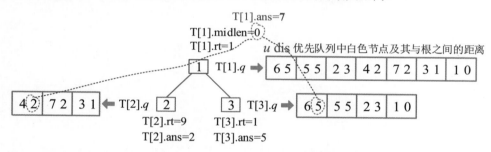

（6）修改颜色。首先将节点 u 的颜色取反；然后处理距离树上节点 u 的邻接点 v，若节点 u 变为白色节点，则将其加入节点 v 的优先队列；最后更新节点 v 的 ans。若节点 u 变为黑色节点，则更新时将其出队，重新计算 ans。

例如，将节点 3 变色，原来为白色，变色后为黑色。

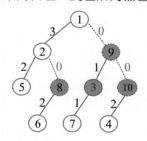

更新距离树上节点 3 的所有邻接点的 ans，e:1-9 表示中心边为 1-9。距离树如下图所示。

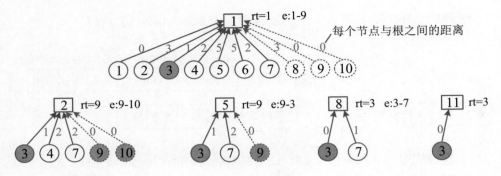

每个节点与根之间的距离

3. 算法分析

因为每次都选择树的中心边为划分点，每次分治的规模都减半，所以边分治至多递归 $O(\log n)$ 层，时间复杂度为 $O(n\log n)$。

4. 算法实现

```cpp
struct Edge{
    int v,w,nxt,pre;
}edge[maxe],E[maxe];//原图，重构图
void Delete(int u,int i){//删除节点u的i号边
    if(Head[u]==i)
        Head[u]=E[i].nxt;
    else
        E[E[i].pre].nxt=E[i].nxt;//跳过该边
    if(tail[u]==i)//指向节点u的最后一条边，相当于尾指针
        tail[u]=E[i].pre;
    else
        E[E[i].nxt].pre=E[i].pre;//修改双向链表中节点的前驱
}

void build(int u,int fa){ //保证每个节点都不超过2度
    int father=0;
    for(int i=head[u];~i;i=edge[i].nxt){
        int v=edge[i].v,w=edge[i].w;
        if(v==fa)continue;
        if(father==0){//还没有增加孩子，直接连上
            ADD(u,v,w);
            ADD(v,u,w);
            father=u;
        }
        else{//若已经有了一个孩子，则创建一个新节点，把节点v连到新节点上
            mark[++N]=0;
            ADD(N,father,0);
            ADD(father,N,0);
            father=N;
```

```
            ADD(v,father,w);
            ADD(father,v,w);
        }
        build(v,u);
    }
}

void get_pre(){//得到每条边的前驱,nxt 是下一条边的编号,pre 是上一条边的编号
    memset(tail,-1,sizeof(tail));
    for(int i=1;i<=N;i++){
        for(int j=Head[i];~j;j=E[j].nxt){
            E[j].pre=tail[i];
            tail[i]=j;//指向节点 u 的最后一条边,相当于尾指针
        }
    }
}

void rebuild(){//重建树
    INIT();//初始化
    N=n;
    for(int i=1;i<=N;i++)
        mark[i]=1;//初始化时均为白色节点
    build(1,0);//重建
    get_pre();//得到每条边的前驱
    init();//初始化原树,重建树后原树已没用,下一步用原树的数据结构存储距离树
}

struct point{
    int u,dis;
    point() {}
    point(int _u,int _dis){
        u=_u;dis=_dis;
    }
    bool operator<(const point& _A)const{
        return dis<_A.dis;//优先队列的优先级
    }
};

struct node{
    int rt,midlen,ans;   //根、中心边的权值、答案(最长树链)
    int ls,rs;           //左、右子树的编号
    priority_queue<point>q;
}T[2*maxn];//注意:设为 maxe 会超时,节点数为 4N

void dfs_size(int u,int fa,int dis){//求解每棵子树的大小,创建距离树
    add(u,root,dis);//将每个节点与 root 之间的距离都添加到距离树上
```

```
    if(mark[u])//若是白色节点，则将其加入 root 的优先队列，dis 为节点 u 与 root 之间的距离
        T[root].q.push(point(u,dis));//在队列中存储白色节点及其与 root 之间的距离
    sz[u]=1;
    for(int i=Head[u];~i;i=E[i].nxt){
        int v=E[i].v,w=E[i].w;
        if(v==fa) continue;
        dfs_size(v,u,dis+w);
        sz[u]+=sz[v];
    }
}

void dfs_midedge(int u, int code){//找中心边
    if(max(sz[u],sz[T[root].rt]-sz[u])<Max){
        Max=max(sz[u],sz[T[root].rt]-sz[u]);//sz[T[root].rt]为该子树的总节点数
        midedge=code;
    }
    for(int i=Head[u];~i;i=E[i].nxt){
        int v=E[i].v;
        if(i!=(code^1))
            dfs_midedge(v,i);
    }
}

void PushUP(int id){//更新 id 的 ans
    T[id].ans=-1;//初始化为-1
    while(!T[id].q.empty()&&mark[T[id].q.top().u]==0)//黑色节点出队
        T[id].q.pop();
    int ls=T[id].ls, rs=T[id].rs; //ls 为左孩子，rs 为右孩子
    if(ls==0&&rs==0){ //根没有左、右孩子
        if(mark[T[id].rt])//根为白色节点
            T[id].ans=0;
    }
    else{
        if(T[ls].ans>T[id].ans)//若左孩子的结果大于根
            T[id].ans=T[ls].ans;
        if(T[rs].ans>T[id].ans)//若右孩子的结果大于根
            T[id].ans=T[rs].ans;
        if(!T[ls].q.empty()&&!T[rs].q.empty())//左、右孩子的优先队列不为空
            T[id].ans=max(T[id].ans,T[ls].q.top().dis+T[rs].q.top().dis+T[id].
idlen);
    }
}

void DFS(int id, int u){//用边分治求解
    root=id; Max=N; midedge=-1;
    T[id].rt=u;
```

```
    dfs_size(u,0,0);//求解每棵子树的大小
    dfs_midedge(u,-1);//找中心边
    if(~midedge){
        int p1=E[midedge].v;//中心边的左、右端点, p1:v midedge: u->v
        int p2=E[midedge^1].v;//p2:u
        T[id].midlen=E[midedge].w;  //中心边的长度
        T[id].ls=++cnt; //左、右子树
        T[id].rs=++cnt;
        Delete(p1,midedge^1);//删除中心边, 即节点 p1 的邻接边
        Delete(p2,midedge);
        DFS(T[id].ls,p1);
        DFS(T[id].rs,p2);
    }
    PushUP(id);//更新 rt 的 ans 值
}

void update(int u){//修改节点 u 的颜色
    mark[u]^=1;//颜色取反
    for(int i=head[u];~i;i=edge[i].nxt){
        int v=edge[i].v,w=edge[i].w;
        if(mark[u]==1)  //若节点 u 为白色节点, 则将其加入节点 v 的优先队列
            T[v].q.push(point(u,w));
        PushUP(v);//更新节点 v
    }
}

int main(){
    scanf("%d",&n);
    init();//将原树初始化
    int u,v,w;
    for(int i=1;i<n;i++){
        scanf("%d%d%d",&u,&v,&w);
        add(u,v,w);
        add(v,u,w);
    }
    rebuild();//重建树
    DFS(cnt=1,1);//求解
    char op[2];
    int m,x;
    scanf("%d", &m);
    while(m--){
        scanf("%s",op);
        if(op[0]=='A'){//输出树上距离最远的两个白色节点之间的距离
            if(T[1].ans==-1)
                printf("They have disappeared.\n");
            else
```

```
            printf("%d\n",T[1].ans);
      }else{
          scanf("%d",&x);
          update(x);//修改节点 x 的颜色
      }
    }
    return 0;
}
```

✎ 训练2 树上两个节点之间的路径数

题目描述（POJ1741）见 3.2 节训练 1。

题解： 本题查询树上两个节点之间距离不超过 k 的路径有多少条，可以用点分治或边分治求解。

1. 算法设计

（1）重建树。添加虚节点，使每个节点都不超过 2 度，将虚节点标记为 0，虚边的权值为 0。

（2）找中心边、距离。首先求解子树的大小，然后将子树上实节点与根之间的距离存入距离数组。

（3）删掉中心边，求解左、右子树的中心边和距离。

（4）首先将左、右子树上每个节点与根之间的距离分别非递减排序，然后进行双向扫描，统计有多少对节点满足与根之间的距离+中心边≤k，如下图所示。

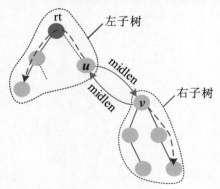

（5）递归求解左、右子树，转向第 3 步。

2. 算法实现

```
void Delete(int u,int i){//删除节点 u 的 i 号边
    if(Head[u]==i)
        Head[u]=E[i].nxt;
    else
```

```
        E[E[i].pre].nxt=E[i].nxt;
    if(tail[u]==i)
        tail[u]=E[i].pre;
    else
        E[E[i].nxt].pre=E[i].pre;
}

void build(int u,int fa){//保证每个节点的度都不超过 2
    int father=0;
    for(int i=head[u];~i;i=edge[i].nxt){
        int v=edge[i].v,w=edge[i].w;
        if(v==fa)continue;
        if(father==0){//还没有增加孩子，直接将节点 v 与节点 u 连接
            ADD(u,v,w);
            ADD(v,u,w);
            father=u;
        }
        else{//已经有了一个孩子，创建一个虚节点，将其标记为 0（将虚节点标记为 0，将实节点标记为 1）
            mark[++N]=0;
            ADD(N,father,0);//将虚节点 N 与节点 father 连接
            ADD(father,N,0);
            father=N;           //更新节点 father 为虚节点 N
            ADD(v,father,w);//将节点 v 与节点 father 连接
            ADD(father,v,w);
        }
        build(v,u);
    }
}


void get_pre(){//求解每条边的前驱，为删除中心边做准备
    memset(tail,-1,sizeof(tail));
    for(int i=1;i<=N;i++){//nxt 是下一条边的编号，pre 是上一条边的编号
        for(int j=Head[i];~j;j=E[j].nxt){
            E[j].pre=tail[i];
            tail[i]=j;
        }
    }
}


void rebuild(){//重建树
    INIT();//初始化重建的树
    N=n;
    for(int i=1;i<=N;i++)
        mark[i]=1;
    build(1,0);//重建
    get_pre();//存储每条边的前驱，为删除中心边做准备
```

```
}

struct node{
    int rt,midlen;  //根，中心边
    int ls,rs;       //左、右子树的编号
}T[MX];

int q[2][MX],len[2];//距离数组，存储左、右子树上每个实节点与根之间的距离，len[]为距离数组的
                    //长度

void dfs_size(int u,int fa,int dir,int flag){//创建距离树，入队，求解新树上每棵子树的大小
    if(mark[u])
        q[flag][len[flag]++]=dir;//将子树上每个实节点与根之间的距离都存入距离数组
    sz[u]=1;
    for(int i=Head[u];~i;i=E[i].nxt){
        int v=E[i].v,w=E[i].w;
        if(v==fa) continue;
        dfs_size(v,u,dir+w,flag);
        sz[u]+=sz[v];
    }
}

void dfs_midedge(int u,int code){//找中心边
    if(max(sz[u],sz[T[root].rt]-sz[u])<Max){
        Max=max(sz[u],sz[T[root].rt]-sz[u]);
        midedge=code;
    }
    for(int i=Head[u];~i;i=E[i].nxt){
        int v=E[i].v;
        if(i!=(code^1))
            dfs_midedge(v,i);
    }
}

void solve(int ls,int rs,int midlen){//查询距离不超过k的节点对数（路径数）
    sort(q[0],q[0]+len[0]);
    sort(q[1],q[1]+len[1]);
    for(int i=0,j=len[1]-1;i<len[0];i++){
        while(j>=0&&q[0][i]+q[1][j]+midlen>k)
            j--;
        ans+=j+1;
    }
}

int getmide(int id,int u,int flag){//求解中心边
    Max=N;midedge=-1;
```

```
        root=id;T[id].rt=u;
        len[flag]=0;
        dfs_size(u,0,0,flag);
        dfs_midedge(u,-1);
        return midedge;
}

void DFS(int id,int midedge,int flag){//递归求解
    if(~midedge){
        int p1=E[midedge].v; //p1、p2 为中心边的左、右端点
        int p2=E[midedge^1].v;
        T[id].midlen=E[midedge].w; //中心边的长度
        T[id].ls=++cnt; //左、右孩子
        T[id].rs=++cnt;
        Delete(p1,midedge^1); //删除中心边
        Delete(p2,midedge);
        int t1=getmide(T[id].ls,p1,0);
        int t2=getmide(T[id].rs,p2,1);
        solve(T[id].ls,T[id].rs,T[id].midlen);
        DFS(T[id].ls,t1,0);
        DFS(T[id].rs,t2,1);
    }
}

int main(){
    while(scanf("%d%d",&n,&k),n+k){
        init();
        int u,v,w;
        for(int i=1;i<n;i++){
            scanf("%d%d%d",&u,&v,&w);
            add(u,v,w);
            add(v,u,w);
        }
        ans=0;
        if(n>1){
            rebuild();//重建
            root=1;
            T[root].rt=1;//T 树的根
            len[0]=0;//距离数组的长度
            cnt=1;//T 树的节点编号
            int t=getmide(1,1,0);//得到中心边
            DFS(1,t,0);//边分治递归
        }
        printf("%d\n",ans);
    }
    return 0;
}
```

第 4 章

复杂树

本章讲解几种复杂树，包括 KD 树、左偏树、动态树和树套树。

4.1 KD 树

KD 树（K-Dimension tree）是可以存储 K 维数据的树，是二叉搜索树的拓展，主要用于对多维空间进行搜索，例如范围搜索和最近邻搜索。二叉搜索树处理的是一维数据，可以直接比较数据的大小，二叉搜索树上的节点满足左孩子小于根、右孩子大于根即可。在实际应用中，若需要处理多维数据，则可以选择一个维度 D_i，在维度 D_i 上比较数据的大小。例如，对于二维平面上的两个点 A(2,4)、B(5,3)，按照第 1 维进行比较，A<B；按照第 2 维进行比较，A>B。

4.1.1 创建 KD 树

KD 树是二叉树，根据对 K 维数据的划分，每个节点都对应 K 维空间中的超矩形区域。在对 K 维数据划分左、右子树时，需要考虑两个问题：①选择哪个维度进行划分？②选择哪个划分点可以使左、右子树的大小大致相等？

维度划分指选择某个维度进行划分，即选择某个维度作为分辨器。在 KD 树上可以根据不同的方法选择不同的分辨器，最常见的是轮转法和最大方差法。

（1）轮转法：将维度轮流作为分辨器，对于二维数据(x, y)，将第 1 层按照第 1 维 x 划分，将第 2 层按照第 2 维 y 划分，将第 3 层按照第 1 维 x 划分……如同切豆腐块，竖着切一刀，横着切一刀，以此重复进行。可以从二维数据扩展到 K 维数据，若将当前层按照第 i 维划分，则将下一层按照第$(i+1)\%K$ 维划分，$i=0,1,\cdots,K-1$。

（2）最大方差法：若数据在维度 D_i 上方差最大，则选择维度 D_i 作为分辨器。方差公式如下，其中，$\bar{x}$ 为所有 x_i 的平均数。方差用于反映数据的波动大小（即分散程度），方差越大，分散得越开，越容易划分。

$$s^2 = \frac{1}{n}\sum_{i=0}^{n-1}(x_i - \bar{x})^2$$

例如，二维数据如下图所示，数据在维度 x 上方差较小，在维度 y 上方差较大，按照维度 y 划分更好一些。

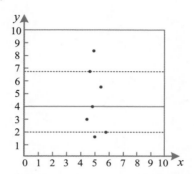

另外，为了保障左、右子树大致相等，可以将中位数作为划分点。此时可以通过 nth_element(begin,begin+k,end,compare)将[begin,end]区间第 k 小的元素放于第 k 个位置，它左边的元素都小于或等于它，它右边的元素都大于或等于它。

完美图解：

给定一个二维数据集：A(2,3)、B(5,4)、C(9,6)、D(4,7)、E(8,1)、F(7,2)，创建一棵 KD 树。以轮转法为例创建这棵 KD 树，过程如下。

（1）将第 1 层按照第 1 维 x 划分，6 个点的 x 值分别为 2、4、5、7、8、9，按中位数 5 一分为二，将划分点 B 作为 KD 树的根，左侧 2 个点，右侧 3 个点。

（2）将第 2 层按照第 2 维 y 划分，左侧 2 个点的 y 值分别为 3、7，将 A 作为左子树的根；右侧 3 个点的 y 值分别为 1、2、6，按中位数 2 一分为二，将 F 作为右子树的根。

（3）以此重复进行，直到左、右两侧都没有数据时为止。

二维数据切分图和对应的 KD 树如下图所示。

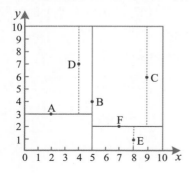 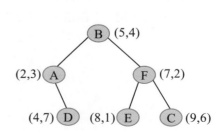

算法代码：

```
struct Node{
    int x[2];
    bool operator <(const Node &b) const{
        return x[idx]<b.x[idx];
    }
}a[N];

struct KD_Tree{
    int sz[N<<2];
    Node kd[N<<2];
    void build(int rt,int l,int r,int dep){
        if(l>r) return;
        int mid=(l+r)>>1;
        idx=dep%k;
        sz[rt]=1;
        sz[rt<<1]=sz[rt<<1|1]=0;
        nth_element(a+l,a+mid,a+r+1);
        kd[rt]=a[mid];
        build(rt<<1,l,mid-1,dep+1);
        build(rt<<1|1,mid+1,r,dep+1);
    }
}KDT;
```

4.1.2 搜索 *m* 近邻

在 KD 树上查询距离给定的目标点 *p* 最近的 *m* 个点，首先从根出发，若点 *p* 当前维度的坐标小于根，则在左子树上查询，否则在右子树上查询。在查询过程中用优先队列存储距离点 *p* 最近的 *m* 个点，当存在某个点 *q* 比优先队列中的最远点距离点 *p* 更近时，优先队列的队头出队，点 *q* 入队。

在以下两种情况下，需要继续在当前划分点的另一个区域查询：

- 优先队列中的最近邻点不足 *m* 个；
- 以点 *p* 为球心且以点 *p* 到最近邻点（*m* 个最近邻点中的最远点）的距离为半径的超球体与当前划分点的另一个区域相交。

例如，一棵 KD 树如下图所示，查询距离点 *p*(6,6)最近的 2 个点。

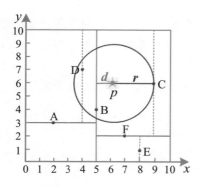 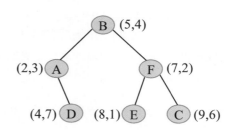

查询过程如下。

（1）当前维度为 x，点 p 的 x 坐标大于点 B，在点 B 的右子树上查询。

（2）当前维度为 y，点 p 的 y 坐标大于点 F，在点 F 的右子树上查询。

（3）当前维度为 x，点 p 的 x 坐标小于点 C，在点 C 的左子树上查询。

（4）点 C 的左子树为空，优先队列中的元素数量小于 2，点 C 入队。

（5）点 C 的右子树为空，回到点 F，优先队列中的元素数量小于 2，点 F 入队，搜索点 F 的左子树。

（6）点 F 的左子树为点 E，此时优先队列中的最远点为点 F，点 E 比点 F 距离点 p 更远，无须入队。

（7）回到点 B，此时优先队列中的最远点为点 F，点 B 比点 F 距离点 p 更近，点 F 出队，点 B 入队。

（8）以点 p 为球心、以点 p 到队列中最远节点的距离为半径的超球体与划分点 B 的另一区域有交集（$d<r$），点 B 左侧区域的点可能距离点 p 更近，需要继续查询点 B 的另一区域（左子树）。

（9）在点 B 的左子树上，此时优先队列中的最远点为点 C，点 D 比点 C 距离点 p 更近，点 C 出队，点 D 入队。

（10）距离点 p 最近的两个点为点 D、点 B。

算法分析：若数据是随机分布的，则在 KD 树上进行搜索操作的平均时间复杂度为 $O(\log n)$。KD 树适用于元素数量远大于空间维数的应用场景，若维数接近 n，则搜索效率接近线性扫描。

✏️ 训练 1 最近的取款机

题目描述（HDU2966）：在每台有故障的自动取款机上都贴着一个标签，提示客户去最近的取款机上取款。已知 n 台自动取款机的二维坐标，请为其中的每台自动取款机都找到一台距离其最近的自动取款机。

输入：输入多个测试用例。第 1 行为测试用例数 T（$T\leqslant15$）。每个测试用例都以单行输入自动取款机的数量 n 开始（$2\leqslant n\leqslant10^5$），接下来的 n 行，每行都为一台自动取款机的二维坐标 (x, y)（$0\leqslant x,y\leqslant10^9$）。

输出：对于每个测试用例，都输出 n 行，第 i 行表示第 i 台自动取款机与最近的自动取款机之间的平方距离（欧式距离的平方）。

输入样例	输出样例
2	200
10	100
17 41	149
0 34	100
24 19	149
8 28	52
14 12	97
45 5	52
27 31	360
41 11	97
42 45	5
36 27	2
15	2
0 0	2
1 2	5
2 3	1
3 2	1
4 0	2
8 4	4
7 4	5
6 3	5
6 1	2
8 0	2
11 0	2
12 2	5
13 1	
14 2	
15 0	

题解：本题中的数据为二维数据，用 KD 树进行二分搜索即可。

1．算法设计

（1）根据输入数据的二维坐标创建 KD 树。

（2）在 KD 树上查询每个节点 p 的最近邻点，输出平方距离。

2．算法实现

（1）数据结构定义。注意：nth_element() 函数会改变原始序列，可以预先用 p[] 数组复制一份原始序列，然后在 KD 树上查询 p[i]。

```
struct Node{
    int x[2];
    bool operator<(const Node &b)const{
        return x[idx]<b.x[idx];
    }
}a[N],p[N];
```

（2）创建 KD 树。按照轮转法创建 KD 树，每层选择的维度都为层次与 k 取余所得的值，即 idx=dep%k。因为本题用到的是二维坐标，k=2，所以对第 0 层选择第 0 维，对第 1 层选择第 1 维，对第 2 层选择第 0 维，对第 3 层选择第 1 维，以此轮转。对每层都按照当前维度进行比较，将中位数作为划分点，继续创建左、右子树。idx 为当前层选择的维度，nth_element(a+l,a+mid,a+r+1)用于求解[l, r]区间的中位数 a[mid]。

KD 树有两种：存储型 KD 树和非存储型 KD 树。

创建存储型 KD 树的关键代码如下：

```
//sz[]：标记当前节点是否为空
//kd[]：存储当前节点的数据
void build(int rt,int l,int r,int dep){//存储型 KD 树，存储数据
    if(l>r) return;
    sz[rt]=1;
    sz[rt<<1]=sz[rt<<1|1]=0;
    int mid=(l+r)>>1;
    idx=dep%k;
    nth_element(a+l,a+mid,a+r+1);
    kd[rt]=a[mid];
    build(rt<<1,l,mid-1,dep+1);
    build(rt<<1|1,mid+1,r,dep+1);
}
```

创建非存储型 KD 树的关键代码如下：

```
void build(int l,int r,int dep){//非存储型 KD 树，不存储数据
    if(l>r) return;
    int mid=(l+r)>>1;
    idx=dep%k;
    nth_element(a+l,a+mid,a+r+1);
    build(l,mid-1,dep+1);
    build(mid+1,r,dep+1);
}
```

（3）查询给定点 p 的最近邻点。创建 KD 树的方法不同，搜索方式也略有不同。本题用的是非存储型 KD 树，因为不要求输出最近邻点，所以不需要记录最邻近点，只需定义 1 个变量 ans，记录点 p 与最近邻点之间的平方距离。查询时，从根开始，首先计算根 a[mid]与点 p 之间的距离 dist，若 dist<ans，则更新 ans=dist。若 p.x[dim]<

a[mid].x[dim]，则首先在左子树上查询，若以 ans 为半径的圆与根的另一区域相交，即 rd<ans，则还需要在右子树上查询。若 *p*.x[dim]≥a[mid].x[dim]，则首先在右子树上查询，若以 ans 为半径的圆与根的另一区域相交，即 rd<ans，则还需要在左子树上查询。

算法代码：

```
#define sq(x) (x)*(x)
typedef long long LL;
LL dis(Node p,Node q){//计算两个点p、q之间的平方距离
    LL ret=0;
    for(int i=0;i<k;i++)
        ret+=sq((LL)p.x[i]-q.x[i]);//坑点! 注意类型转换
    return ret?ret:inf;
}

void query(int l,int r,int dep,Node p){//查询点p与最近邻点之间的平方距离
    if(l>r) return;
    int mid=(l+r)>>1,dim=dep%k;
    LL dist=dis(a[mid],p);
    if(dist<ans)
        ans=dist;
    LL rd=sq((LL)p.x[dim]-a[mid].x[dim]);
    if(p.x[dim]<a[mid].x[dim]){
        query(l,mid-1,dep+1,p);
        if(rd<ans)
            query(mid+1,r,dep+1,p);
    }
    else{
        query(mid+1,r,dep+1,p);
        if(rd<ans)
            query(l,mid-1,dep+1,p);
    }
}
```

✏️ 训练2 最近邻 *m* 点

题目描述（HDU4347）：在 *k* 维空间中有很多个点，给定 1 个点，找出与该点最近邻的 *m* 个点。点 *p* 和点 *q* 之间的距离是连接它们的线段的长度。

输入：输入多个测试用例。第 1 行为 *n* 和 *k*，分别表示点数和维数，$1 \leqslant n \leqslant 5 \times 10^4$，$1 \leqslant k \leqslant 5$。接下来的 *n* 行，每行都为 *k* 个整数，表示 1 个点的坐标。再接下来的 1 行为 1 个正整数 *t*，表示查询数，$1 \leqslant t \leqslant 10^4$。之后的每个查询都占两行，在第 1 行中输入的 *k* 个整数表示给定的点；第 2 行为 1 个整数 *m*，表示应该找到的最近邻点的数量，$1 \leqslant m \leqslant 10$。

输出：对于每个查询，都输出 $m+1$ 行。第 1 行输出"the closest m points are:"，其中 m 是点的数量；接下来输出的 m 行代表 m 个点，从近到远排列。

输入样例	输出样例
3 2	the closest 2 points are:
1 1	1 3
1 3	3 4
3 4	the closest 1 points are:
2	1 3
2 3	
2	
2 3	
1	

1．算法设计

（1）根据输入的数据创建 KD 树。

（2）在 KD 树上查询距离给定点 p 最近的 m 个点。

2．算法实现

查询距离点 p 最近的 m 个点，过程如下。

（1）首先创建一个序对，第 1 个元素记录当前点与点 p 之间的距离，第 2 个元素记录当前点。然后创建一个优先队列，存储距离点 p 最近的序对。在优先队列中，距离越大越优先。

（2）从根开始查询，首先计算根与点 p 之间的距离，用 tmp.first 记录该距离。

（3）若 $p.x[dim]<kd[rt].x[dim]$，则首先在左子树 lc 上查询，否则在右子树 rc 上查询。若 $p.x[dim] \geqslant kd[rt].x[dim]$，则交换左子树 lc 和右子树 rc，这样就可以统一为首先在左子树 lc 上查询。

（4）若左子树 lc 不为空，则在左子树 lc 上递归查询（query(lc, m, dep+1, p)）。

（5）若队列中的元素数量小于 m，则直接将 tmp 入队，令 flag=1，表示还需要在右子树 rc 上查询；否则，若 tmp 与点 p 之间的距离小于队头与点 p 之间的距离，则队头出队，tmp 入队。若以点 p 为球心、以点 p 与优先队列中最远点之间的距离为半径的超球体同划分点的另一区域有交集（$d<r$），则 flag=1，表示还需要在右子树 rc 上查询。

（6）若右子树 rc 不为空且 flag=1，则在右子树 rc 上递归查询（query(rc, m, dep+1, p)）。

算法代码：

```
typedef long long ll;
void query(int rt,int m,int dep,Node p){
    if(!sz[rt]) return;
```

```
PLN tmp=PLN(0,kd[rt]);
for(int j=0;j<k;j++)
    tmp.first+=sq((ll)tmp.second.x[j]-p.x[j]);
int lc=rt<<1,rc=rt<<1|1,dim=dep%k,flag=0;
if(p.x[dim]>=kd[rt].x[dim])
    swap(lc,rc);
if(sz[lc])
    query(lc,m,dep+1,p);
if(que.size()<m)
    que.push(tmp),flag=1;
else{
    if(tmp.first<que.top().first)//大顶堆，存储与点 p 最近邻的 m 个点
        que.pop(),que.push(tmp);
    if(sq((ll)p.x[dim]-kd[rt].x[dim])<que.top().first)
        flag=1;
}
if(sz[rc]&&flag)
    query(rc,m,dep+1,p);
}
```

4.2 左偏树

左偏树又被称为"左偏堆""左倾堆""左式堆"，是一种特殊的树，属于可合并堆，常用于算法竞赛中。左偏树并不是平衡树，它不是为了快速访问节点而设计的，而是为了实现快速访问最大（或最小）节点而设计的，并且在树上修改节点后会快速合并两棵树。在左偏树上进行合并操作的时间复杂度在最坏情况下为 $O(\log n)$，在完全二叉堆上进行合并操作的时间复杂度在最坏情况下为 $O(n)$，所以左偏树更适用于合并操作。

堆、优先队列、可合并堆和左偏树的区别如下。

- 堆：可被看作一棵采用了顺序存储方式的完全二叉树，在这棵完全二叉树上，若每个节点的值都大于或等于其左、右孩子的值，则称之为"最大堆"；若每个节点的值都小于或等于其左、右孩子的值，则称之为"最小堆"。
- 优先队列：是用堆来实现的，取得最大值（或最小值）的时间复杂度为 $O(1)$，删除最大值（或最小值）、插入元素的时间复杂度均为 $O(\log n)$。
- 可合并堆：除了支持优先队列的三种基本操作，还支持合并操作。
- 左偏树：是一棵有堆序性和左偏性的二叉树，是可合并堆的一种实现方式。

4.2.1 左偏树的性质

下面讲解左偏树的 4 个性质，其中，堆序性和左偏性是左偏树的基本性质。

1. 堆序性

堆序性指节点的值大于或等于（或小于或等于）其左、右孩子的值。左偏树只有节点的值满足堆序性，不再满足完全二叉树的结构性质。一棵左偏树如下图所示。

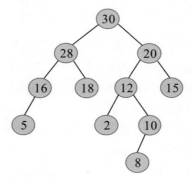

2. 左偏性

左偏树上的节点除了与二叉树上的节点一样有左、右子树，还有两个属性：外节点和距离。

- 外节点：在节点 i 的左子树或右子树为空时，节点 i 就被称为"外节点"。
- 距离：节点 i 的距离指从节点 i 到其后代中最近的外节点所经过的边数。特别是，若节点 i 自身是外节点，则它的距离为 0；空节点的距离为 -1。左偏树的距离指从根到最近的外节点所经过的边数。

左偏性指"向左偏"，即每个节点的左孩子的距离都大于或等于其右孩子的距离，$dist(lc(i)) \geq dist(rc(i))$。其中，$lc(i)$ 为节点 i 的左孩子，$rc(i)$ 为节点 i 的右孩子。

一棵左偏树如下图所示，根与最近的外节点之间的距离为 2，因此该左偏树的距离为 2。

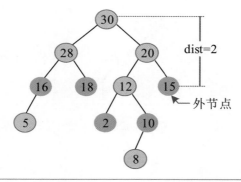

!注意 左偏性是以距离衡量的，这并不意味着左子树的高度大于或等于右子树的高度。

3．节点的距离等于其右孩子的距离加 1

因为左偏性，节点 i 的右孩子的距离总是小于或等于其左孩子的距离，也就是说节点 i 的最近外节点一定在其右子树上，节点 i 的距离与其右孩子的距离仅仅差一条边，即节点 i 的距离等于其右孩子的距离加 1，dist(i)=dist(rc(i))+1。

4．有 n 个节点的左偏树的距离最多为 $\lfloor\log(n+1)\rfloor-1$

假设有 n 个节点的左偏树的距离为 d，因为节点的距离等于其右孩子的距离加 1，所以 d 实际上是从根开始的最右侧路径的长度。从根到最近外节点的路径的长度为 d，从根开始，高度为 d 的部分是一棵满二叉树，如下图中的阴影部分所示。该满二叉树的总节点数为 $2^{d+1}-1$。根据左偏性，在该左偏树的左下侧还可能有其他节点，因此 n 个节点的左偏树至少包含 $2^{d+1}-1$ 个节点。$n\geq2^{d+1}-1$，整理公式可得 $n+1\geq2^{d+1}$，两边取以 2 为底的对数得到 $\log(n+1)\geq d+1$，即 $d\leq\log(n+1)-1$，d 的最大值为 $\lfloor\log(n+1)\rfloor-1$，$\lfloor\ \rfloor$ 表示向下取整。

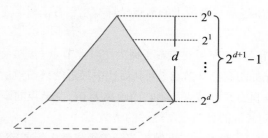

如下图所示，一棵左偏树有 11 个节点，三角形阴影部分是以 30 为根、高度为 2 的满二叉树。在左偏树的左下侧还有一些节点，满足节点数 $n\geq2^{d+1}-1$，左偏树的距离最多为 $\lfloor\log(n+1)\rfloor-1=\lfloor\log12\rfloor-1=2$。

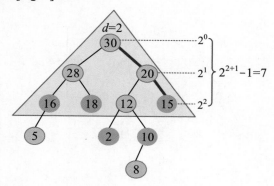

4.2.2　基本操作

对左偏树的基本操作包括合并、删除根、插入节点和创建左偏树等。

1. 合并

左偏树的合并操作是其他操作的基础，需要满足左偏树的两个基本性质。

如下图所示，有两棵左偏树，根分别为 *a*、*b*。

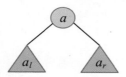 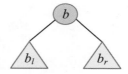

合并这两棵左偏树，过程如下。

（1）比较两棵左偏树的根，若 $a \leqslant b$，则交换两棵左偏树，以保证最大堆的堆序性。

（2）合并 *a* 的右子树与以 *b* 为根的左偏树，将合并后的左偏树作为 *a* 的右子树。

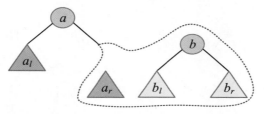

（3）比较 *a* 的左、右子树的距离，若左子树的距离小于右子树的距离，则交换左、右子树。之后更新 *a* 的距离为其右孩子的距离加 1。

例如，两棵左偏树如下图所示，接下来合并这两棵左偏树。

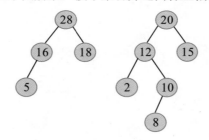

完美图解：

（1）比较两棵左偏树的根，28>20，无须交换。

（2）合并 28 的右子树与以 20 为根的左偏树。比较两棵左偏树的根，18<20，交换两棵左偏树。

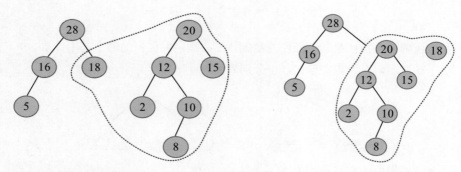

（3）合并 20 的右子树与以 18 为根的左偏树。比较两棵左偏树的根，15<18，交换两棵左偏树。

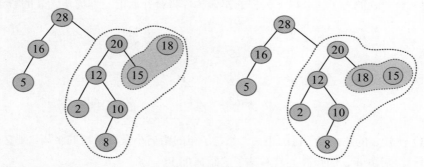

（4）合并 18 的右子树与以 15 为根的左偏树。18 的右子树为空，将 15 作为 18 的右子树。

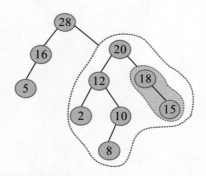

（5）比较 18 的左、右子树的距离，左子树的距离小于右子树的距离，左、右子树交换。更新 18 的距离为其右子树的距离加 1，其右子树为空，距离为−1，因此 18 的距离为 0。

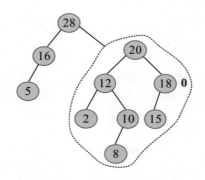

（6）比较 20 的左、右子树的距离，左子树的距离大于右子树的距离，无须交换。
更新 20 的距离为其右子树的距离加 1，20 的距离为 1。

（7）比较 28 的左、右子树的距离，左子树的距离小于右子树的距离，左、右子
树交换。更新 28 的距离为右子树的距离加 1，28 的距离为 1。

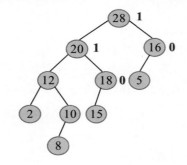

算法实现：

```
int merge(int x,int y){//合并两棵左偏树
    if(!x) return y;
    if(!y) return x;
    if(v[x]<v[y]) swap(x,y);
    r[x]=merge(r[x],y);
    fa[r[x]]=x;
    if(d[l[x]]<d[r[x]]) swap(l[x],r[x]);
    d[x]=d[r[x]]+1;
    return x;
}
```

算法分析：每次合并时，总是分解出左偏树的右子树并将其与另一棵左偏树合并。
左偏树的距离由其右子树的距离决定，右子树的距离在每次分解时都递减。在比较两
棵左偏树的根之后，有时需要交换两棵左偏树，因此不是只分解一棵左偏树，有可能
是轮流分解两棵左偏树。两棵左偏树的分解次数不会超过它们各自的距离。若两棵左
偏树的节点数分别为 n_1、n_2，则它们的距离不超过 $\log(n_1+1)-1$、$\log(n_2+1)-1$。合并操

作在最坏情况下的时间复杂度为 $\log(n_1+1)+\log(n_2+1)-2$，即 $O(\log n_1+\log n_2)$。

2. 删除根

在删除左偏树的根时，只需首先将左、右孩子的双亲修改为其自身，然后合并左偏树的左、右子树。删除左偏树的根（最大或最小节点）是基于合并操作实现的，其时间复杂度为 $O(\log n)$。

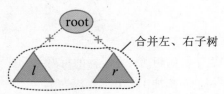

合并左、右子树

```
void pop(){
    fa[l[root]]=l[root];fa[r[root]]=r[root];
    root=merge(l[root],r[root]);
}
```

3. 插入节点

在左偏树上插入一个新节点 x，首先创建一棵只包含新节点的左偏树，然后将其与原树合并。插入节点是基于合并操作实现的，其时间复杂度为 $O(\log n)$。

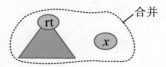

合并

```
int insert(int rt, int x){
    v[++cnt]=x;
    l[cnt]=r[cnt]=d[cnt]=0;
    fa[cnt]=cnt;
    return merge(rt,cnt);
}
```

4. 创建左偏树

有两种方法创建一棵左偏树：①将每个节点都依次插入，每次插入的时间复杂度都为 $O(\log n)$，总时间复杂度为 $O(n\log n)$；②两两合并，将 n 个节点放入队列，依次从队头取出两棵左偏树，将其合并后放入队尾，直到只剩下一棵左偏树，其时间复杂度为 $O(n)$。

输入序列 $(1,2,3,4,5,6,7,8)$，用第②种方法创建一棵左偏树，过程如下图所示。

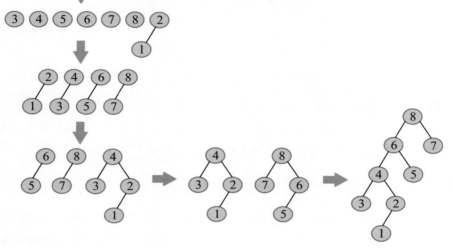

算法分析：

假设 $n=2^k$，则：

（1）前 $n/2$ 次合并，两棵左偏树均有 1 个节点；

（2）接下来的 $n/4$ 次合并，两棵左偏树均有 2 个节点；

（3）接下来的 $n/8$ 次合并，两棵左偏树均有 4 个节点；

（4）……

（5）接下来的 $n/2^i$ 次合并，两棵左偏树均有 2^{i-1} 个节点；

（6）合并两棵均有 2^{i-1} 个节点的左偏树，时间复杂度为 $O(i)$。

总时间复杂度：

$$\frac{n}{2} \times O(1) + \frac{n}{4} \times O(2) + \frac{n}{8} \times O(3) + \cdots + \frac{n}{2^k} \times O(k)$$
$$= O(n \times \sum_{i=1}^{k} \frac{i}{2^i})$$
$$\approx O(n)$$

计算过程如下，令

$$A = \sum_{i=1}^{k} \frac{i}{2^i} = \frac{1}{2} + \frac{2}{4} + \frac{3}{8} + \cdots + \frac{k-1}{2^{k-1}} + \frac{k}{2^k}$$

$$2 \times A = 1 + \frac{2}{2} + \frac{3}{4} + \frac{4}{8} + \cdots + \frac{k-1}{2^{k-2}} + \frac{k}{2^{k-1}}$$

两式相减，得到

$$A = 1 + \frac{1}{2} + \frac{1}{4} + \frac{1}{8} + \cdots + \frac{1}{2^{k-1}} - \frac{k}{2^k}$$

$$= 2 \times \left(1 - \frac{1}{2^k}\right) - \frac{k}{2^k}$$

$$= 2 - \frac{k+2}{2^k} = 2 - \frac{\log n + 2}{n} \approx 2$$

用第②种方法创建左偏树的时间复杂度为 $O(n)$。

> **❗总结** 通过左偏树可以快速查找、删除最大（或最小）节点，快速合并两棵左偏树，编程复杂度低，效率高。但是，左偏树不是二叉搜索树，不满足中序有序性，无法进行二分搜索，因此不适用于快速查找或删除有特定值的节点。

✏️ 训练1 猴王

题目描述（HDU1512）： 在森林里住着 n 只好斗的猴子。一开始，猴子们互不认识，难免吵架，吵架只发生在互不认识的两只猴子之间。吵架的两只猴子都会邀请各自最强壮的朋友来参与决斗。这些参与决斗的猴子在决斗后都会认识对方且不再吵架。假设每只猴子都有一个强壮值，决斗后，强壮值会减小到原来的一半（比如 10 将减小到 5，5 将减小到 2）；而且每只猴子都认识自己，若它是所有朋友中最强壮的，那么它自己也会去决斗。请确定决斗后的猴子的所有朋友的最大强壮值。

输入： 输入几个测试用例，每个测试用例都由两部分组成。第 1 部分的第 1 行为 1 个整数 n（$n \leqslant 10^5$），表示猴子的数量；接下来的 n 行，每行都为 1 个数字，表示第 i 个猴子的强壮值 v_i（$v_i \leqslant 32\,768$）。第 2 部分的第 1 行为 1 个整数 m（$m \leqslant 10^5$），表示发生了 m 次吵架；接下来的 m 行，每行都为 2 个整数 x、y，表示猴子 x、y 吵架。

输出： 对于每次吵架，若两只猴子互相认识，则输出−1，否则输出按上述规则决斗后它们的所有朋友的最大强壮值。

输入样例	输出样例
5	8
20	5
16	5
10	-1
10	10
4	
5	
2 3	
3 4	
3 5	
4 5	
1 5	

题解：根据输入样例 1，5 只猴子及其强壮值如下图所示。

对输入样例的 5 种操作如下。

（1）2 3：猴子 2、3 吵架，强壮值各减小一半且合并为 1 个群体，输出该群体的最大强壮值 8。

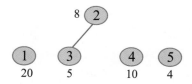

（2）3 4：猴子 3、4 吵架，猴子 3 所在群体的最强壮猴子 2 与猴子 4 决斗，强壮值各减小一半且合并为 1 个群体，输出该群体的最大强壮值 5。

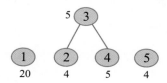

（3）3 5：猴子 3、5 吵架，猴子 3 所在群体的最强壮猴子 3 与猴子 5 决斗，强壮值各减小一半且合并为 1 个群体，输出该群体的最大强壮值 5。

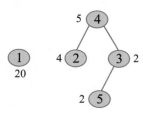

（4）4 5：猴子 4、5 吵架，猴子 4、5 在同一个群体中，输出−1。

（5）1 5：猴子 1、5 吵架，猴子 5 所在群体的最强壮猴子 4 与猴子 1 决斗，强壮值各减小一半且合并为 1 个群体，输出该群体的最大强壮值 10。

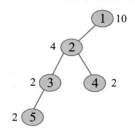

本题是典型的堆合并问题，可以用左偏树（可合并堆）解决。

1. 算法设计

（1）用并查集记录猴子所在的集合号。

（2）若猴子 x、y 吵架，且二者的集合号相同（fx=fy），则输出-1，否则操作过程如下。

①首先删除猴子 x 所在左偏树的根 fx，然后将 fx 的权值减小一半且合并到原来的左偏树中。

②首先删除猴子 y 所在左偏树的根 fy，然后将 fy 的权值减小一半且合并到原来的左偏树中。

③将上面的两棵左偏树合并，输出根的值。

2. 算法实现

```
int merge(int x,int y){//合并两棵左偏树
    if(!x) return y;
    if(!y) return x;
    if(v[x]<v[y]) swap(x,y);
    r[x]=merge(r[x],y);
    fa[r[x]]=x;//集合号
    if(d[l[x]]<d[r[x]]) swap(l[x],r[x]);
    d[x]=d[r[x]]+1;//距离
    return x;
}

int pop(int x){//删除左偏树的根
    fa[l[x]]=l[x];fa[r[x]]=r[x];
    return merge(l[x],r[x]);
}

int find(int x){//用并查集找祖先
    return fa[x]==x?x:fa[x]=find(fa[x]);
}

int main(){
    int n,m,x,y;
    d[0]=-1;
    while(~scanf("%d",&n)){
        for(int i=1;i<=n;i++){
            scanf("%d",&v[i]);
            l[i]=r[i]=d[i]=0;
            fa[i]=i;
        }
```

```
        scanf("%d",&m);
        while(m--){
            scanf("%d%d",&x,&y);
            int fx=find(x),fy=find(y);
            if(fx==fy){printf("-1\n");continue;}
            int rt=pop(fx);//删除最大值
            v[fx]/=2;l[fx]=r[fx]=d[fx]=0;
            fx=merge(rt,fx);
            rt=pop(fy);
            v[fy]/=2;l[fy]=r[fy]=d[fy]=0;
            fy=merge(rt,fy);
            rt=merge(fx,fy);
            printf("%d\n",v[rt]);
        }
    }
    return 0;
}
```

📝 训练 2　小根堆

题目描述（P3377）：左偏树一开始有 n 个小根堆，而且每个堆都包含且仅包含 1 个数，它支持两种操作：①1 x y，将第 x 个数和第 y 个数所在的小根堆合并（若第 x 个数或第 y 个数已被删除或两个数在同一个堆中，则无视此操作）；②2 x，输出第 x 个数所在堆的最小值，并将其删除（若第 x 个数已被删除，则输出–1 且无视删除操作）。

输入：第 1 行为 2 个整数 n、m（$0<n\leqslant10^5$，$0<m\leqslant10^5$），分别表示开始时小根堆的数量和接下来的操作次数。第 2 行为 n 个正整数，第 i 个正整数表示第 i 个小根堆最初包含的数。接下来的 m 行，每行都为 2 或 3 个正整数，表示 1 种操作。

输出：对于每种操作，都单行输出结果。

输入样例	输出样例
5 5	1
1 5 4 2 3	2
1 1 5	
1 2 5	
2 2	
1 4 2	
2 2	

提示：当在小根堆中有多个最小值时，优先删除原序列中靠前的，否则影响后续的操作，导致出错。

题解：本题是典型的左偏树模板题，涉及合并、删除最小值两种基本操作。因为要判断两个数是否在同一个堆中，所以可以用并查集判断。当然，也可以不用并查集判断，在左偏树上一直向上找双亲，若根的双亲为0，且两个数所在左偏树的根相同，则说明两个数在同一个堆中。

> **注意**　若用并查集，则在删除最小值时仍需将最小值的集合号修改为新树的根，这是因为并查集的树形与左偏树不同，被删除的最小值在并查集中可能有孩子，这些孩子还没更新集合号，在下次查找时会更新。

1. 算法设计

（1）初始化。初始化每个节点的左孩子、右孩子、距离和删除标记均为0，初始化集合号为其自身。

（2）合并。将第 x 个数和第 y 个数所在的小根堆合并。若在两个数中有一个带有删除标记，则什么也不做；否则查询两个数所在的堆（集合），若相同，则什么也不做，否则合并两个堆。

（3）删除最小值。若第 x 个数带有删除标记，则输出–1；否则查询 x 所在的集合 fx，输出 v[fx]，对 fx 增加删除标记；删除 fx，之后将被删除节点的集合号修改为新树的根。

2. 算法实现

```
int merge(int x,int y){//合并
    if(!x) return y;
    if(!y) return x;
    if(v[x]>v[y]||(v[x]==v[y]&&x>y)) swap(x,y);//小根堆
    r[x]=merge(r[x],y);
    fa[r[x]]=x;
    if(d[l[x]]<d[r[x]]) swap(l[x],r[x]);
    d[x]=d[r[x]]+1;
    return x;
}

int pop(int x){//删除最小值
    fa[l[x]]=l[x];fa[r[x]]=r[x];
    return merge(l[x],r[x]);
}

int find(int x){//在并查集中查找
    return fa[x]==x?x:fa[x]=find(fa[x]);
}

int main(){
    int n,m,opt,x,y;
    d[0]=-1;
```

```
    scanf("%d%d",&n,&m);
    for(int i=1;i<=n;i++){
        scanf("%d",&v[i]);
        l[i]=r[i]=d[i]=del[i]=0;
        fa[i]=i;
    }
    while(m--){
        scanf("%d",&opt);
        if(opt==1){
            scanf("%d%d",&x,&y);
            if(del[x]||del[y]) continue;//带有删除标记
            int fx=find(x),fy=find(y);
            if(fx==fy) continue;
            merge(fx,fy);
        }else{
            scanf("%d",&x);
            if(del[x]){
                printf("-1\n");
            }else{
                int fx=find(x);
                printf("%d\n",v[fx]);
                del[fx]=1;//标记删除
                fa[fx]=pop(fx);//坑点! 将被删除节点的集合号修改为新根，并查集中的被删除节点可
                              //能有孩子
            }
        }
    }
    return 0;
}
```

4.3 动态树

常见的操作有序列操作和树上操作。

（1）根据所支持操作的不同，通常用线段树或伸展树进行序列操作。

操 作	线段树	伸展树
区间求和	●	●
区间最值	●	●
区间修改	●	●
区间添加		●
区间删除		●
区间反转		●

（2）根据所支持操作的不同，通常用树链剖分或动态树进行树上操作。

操　作	树链剖分	动态树
链上求和	●	●
链上最值	●	●
链上修改	●	●
子树修改	●	●
子树求和	●	●
换根		●
加/减边		●
子树合并/分离		●

　　动态树是动态的，维护一个由若干无序的有根树组成的森林，支持对某个节点与根之间的路径进行操作，以及对某个节点的子树进行操作，还支持换根、加/减边、子树合并/分离等。LCT 是一种最常见的动态树。

　　树链剖分采用的是轻重链剖分，节点、重孩子（子树上节点数最多的孩子）之间的路径为重链，一般用静态数据结构如线段树或树状数组维护重链，用静态数据结构无法解决动态问题。LCT 采用的是虚实链剖分，虚、实链是动态变化的，每个实链都由一棵伸展树维护，所有伸展树就像一个森林，由虚边连接在一起组成一棵 LCT。

4.3.1　LCT 的性质

　　一棵 LCT 具有以下性质。

　　（1）从一个节点到其孩子最多有一个实边，其他边均为虚边。

　　（2）每棵伸展树都维护一条按原树的深度严格递增的实链。

　　（3）每个节点都被包含且仅被包含在一棵伸展树上。

　　例如，一棵树在划分虚、实边后如下图所示，其中共有 7 条实链：A-B-D、E、C-F-I-M、L-N、G、J、H-K，用一棵伸展树维护一条实链。伸展树上的节点需要按其在原树上的深度中序有序。每棵伸展树的根都通过虚边与该实链的双亲连接，形成的 LCT 如下图所示。

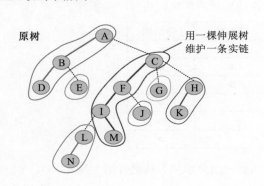

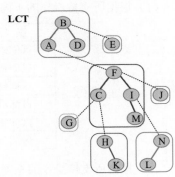

伸展树之间的连接"认父不认子"。在原树上,实链 C-F-I-M 的双亲为节点 A。在 LCT 上,实链 C-F-I-M 创建的伸展树的根为节点 F,从节点 F 向该链的双亲 A 连一条边,表示该链的双亲为节点 A,然而在原树上节点 F 并不是节点 A 的孩子。实链 C-F-I-M 对应的伸展树是动态变化的,但其双亲是不变的。

LCT 之所以被称为"动态树",是因为它具有动态变化性:

- LCT 上的虚、实边是动态变化的;
- 伸展树也是动态变化的,可以随时旋转,伸展树上的节点需要按其在原树上的深度中序有序。

无论如何进行虚实变换及旋转,所有节点的相对位置都不变。若原树上节点 x、y 之间的路径未经过节点 z,则操作之后,节点 x、y 之间的路径也不可能经过节点 z。

4.3.2　LCT 的基本操作

LCT 有 7 种基本操作,包括 access(x)、makeroot(x)、findroot(x)、split(x,y)、link(x,y)、cut(x,y)和 isroot(x)。

1. access(x)

access(x)是动态树所有操作的基础,用于打通节点 x、原树的根之间的一条实链。例如,access(L)指将节点 L、根之间的路径变为实链,这条实链上的节点 L、I、F、C、A 与其他孩子之间的边变为虚边,原树的变化如下图所示。

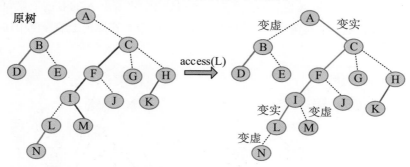

那么在 LCT 上如何变化呢?操作过程如下。

(1)将节点 L 旋转为所在伸展树的根,将节点 L 的右孩子置空(相当于变为虚边)。

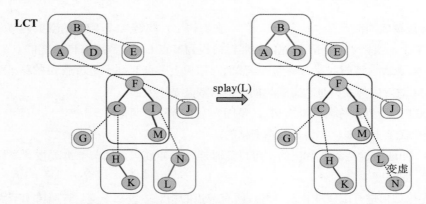

（2）将节点 L 的双亲 I 也旋转到所在伸展树的根，将节点 I 的右孩子置为节点 L。

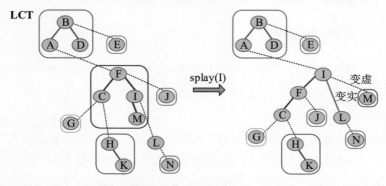

（3）将节点 I 的双亲 A 也旋转到所在伸展树的根，将节点 A 的右孩子置为节点 I。此时，A-C-F-I-L 是一条实链，由一棵伸展树维护（按节点在原树上的深度中序有序），如下图所示。

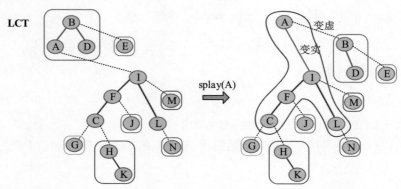

```
void access(int x){
    for(int t=0;x;t=x,x=fa[x])
        splay(x),c[x][1]=t,update(x);
}
```

2. makeroot(x)

若需要获取节点 x、y 之间的路径信息，但节点 x、y 之间路径上的节点可能不在一棵伸展树上，则需要进行换根操作，执行 makeroot(x)，将节点 x 换成原树的根。

换根操作分为 3 步：①access(x)，打通一条节点 x、原树的根之间的实链；②splay(x)，将节点 x 旋转为所在伸展树的根；③reverse(x)，反转当前伸展树的左、右子树。

例如，将节点 L 换成原树的根，过程如下。

（1）access(L)：得到一条节点 L、原树的根之间的实链，此时节点 L 在该实链上深度最大。原树和 LCT 的变化如下图所示。

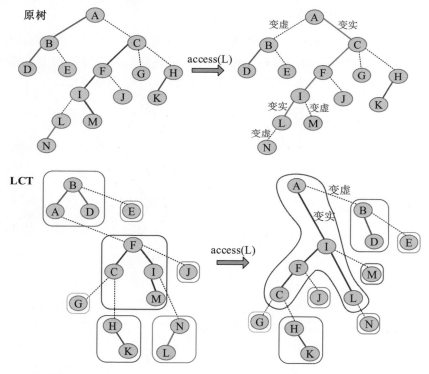

（2）splay(L)：将节点 L 旋转为所在伸展树的根，在原树上，节点 L 是该实链上深度最大的节点，因此在当前伸展树上节点 L 没有右子树。

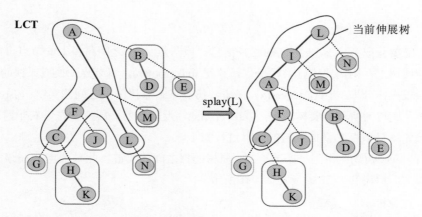

（3）reverse(L)：在原树上，根的深度最小，于是反转当前伸展树的左、右子树，原来按照深度递增形成的序列为 A-C-F-I-L，反转后按照深度递增形成的序列为 L-I-F-C-A。此时节点 L 没有左子树，反倒成了深度最小的节点（根）。

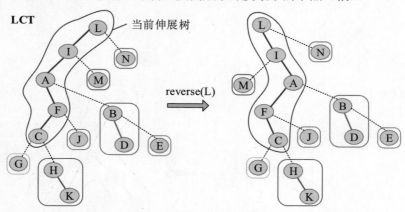

```
void makeroot(int x){
    access(x);splay(x);rev[x]^=1; //反转懒标记
}
```

3. findroot(x)

findroot(x)表示查找节点 x 所在原树的根，主要用来判断两个节点之间的连通性。若 findroot(x)=findroot(y)，则说明节点 x、y 在同一棵树上。

查找根的操作分为 3 步：①access(x)，打通一条节点 x、原树的根之间的实链；②splay(x)，将节点 x 旋转为所在伸展树的根；③查找当前伸展树的最左节点（深度最小的节点，即根），返回根即可。

一棵树及其对应的 LCT 如下图所示。

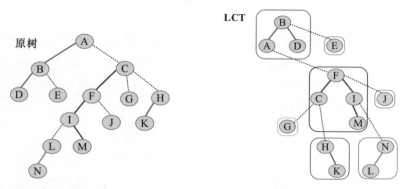

原树

求解节点 L 所在原树的根，过程如下。

（1）access(L)：执行 access(L) 之后的 LCT 如下图所示。

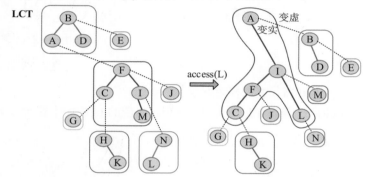

（2）splay(L)：执行 splay(L) 之后的 LCT 如下图所示。

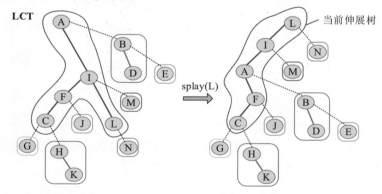

（3）当前伸展树的最左节点为节点 A（深度最小的节点，即根），返回根 A 即可。

```
int findroot(int x){
    access(x);splay(x);
    while(c[x][0]) x=c[x][0];
    return x;
}
```

4．split(x,y)

split(x,y)表示分离出路径 *x–y* 作为一条实链，用一棵伸展树维护。

分离操作分为 3 步：①makeroot(x)，将节点 *x* 变为原树的根；②access(y)，打通一条节点 *y*、原树的根之间的实链；③splay(y)，将节点 *y* 旋转到当前伸展树的根。

一棵树及其对应的 LCT 如下图所示。

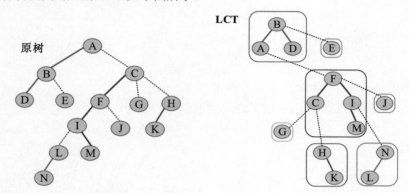

在其中分离出 L-B 路径，过程如下。

（1）makeroot(L)：将节点 L 变为原树的根，对应的 LCT 如下图所示。

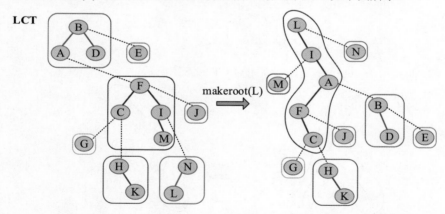

（2）access(B)：打通一条节点 B、根之间的重链，这条重链的中序序列正好是原树上的 L-B 路径 L-I-F-C-A-B，对应的 LCT 如下图所示。

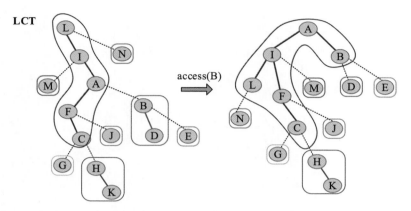

（3）splay(B)：将节点 B 旋转到当前伸展树的根，对应的 LCT 如下图所示。

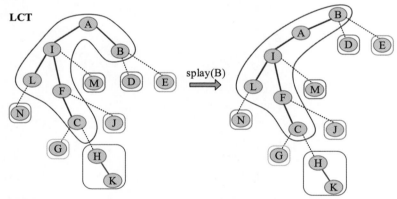

```
void split(int x,int y){
    makeroot(x),access(y),splay(y);
}
```

5．link(x,y)

link(x,y)表示在节点 *x*、*y* 之间连一条边。若节点 *x*、*y* 之间连通，则不可以将其连边。连边操作分为 2 步：①makeroot(x)，将节点 *x* 变为原树的根；②将节点 *x* 的双亲变为节点 *y*，fa[*x*]=*y*。

两棵原树及其对应的 LCT 如下图所示。

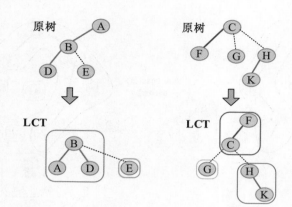

在节点 B、H 之间连一条边，过程如下。

（1）makeroot(B)：将节点 B 变为原树的根，对应的 LCT 如下图所示。

（2）fa[B]=H：将节点 B 的双亲变为节点 H，相当于连接了一条从节点 B 到节点 H 的虚边，如下图所示。

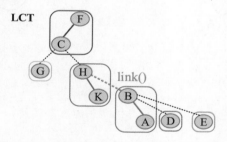

```
void link(int x,int y){
    makeroot(x);fa[x]=y;
}
```

6. cut(x,y)

cut(x,y)表示将边(x,y)断开（删边）。若在节点 x、y 之间没有边，则不可以删边。

删边操作分为 3 步：①split(x,y)，分离出路径 x–y 为一条重链，若节点 x 不是节点 y 的左孩子或节点 x 有右子树，则说明在节点 x、y 之间有其他节点，不能删边；②将边(x,y)断开，修改节点 y 的左孩子为 0，修改节点 y 的左孩子的双亲为 0；③update(y)，更新节点 y 的相关信息。

一棵原树及其对应的 LCT 如下图所示，将边(B,D)断开，过程如下。

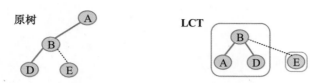

（1）split(B,D)：①makeroot(B)；②access(D)；③splay(D)。

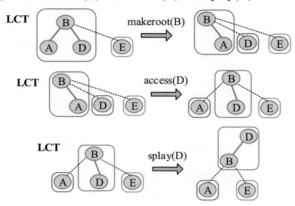

（2）将边(B,D)双向断开。

（3）更新 D 的相关信息。

```
void cut(int x,int y){
    split(x,y);
    if(c[y][0]!=x||c[x][1]) return;
    c[y][0]=fa[c[y][0]]=0;
    update(y);
}
```

7．isroot(x)

isroot(x)表示判断节点 x 是否为所在伸展树的根。若节点 x 是所在伸展树的根，则节点 x 与其双亲之间是一条虚边，节点 x 既不是其双亲的左孩子，也不是其双亲的右孩子。

例如，原树及其对应的 LCT 如下图所示，节点 F 是其所在伸展树的根，既不是其双亲 A 的左孩子，也不是其双亲的右孩子。节点 A 没有左、右孩子，节点 A、F 之间的虚边仅说明节点 F 的双亲是节点 A，节点 A 却不把节点 F 当作孩子，即"认父不认子"。

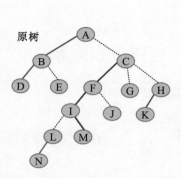

原树

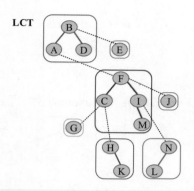

LCT

```
bool isroot(int x){
    return c[fa[x]][0]!=x&&c[fa[x]][1]!=x;
}
```

算法分析：在 LCT 上进行基本操作的平均时间复杂度为 $O(\log n)$。

训练 1　动态树的异或和

题目描述（P3690）：给定 n 个节点及每个节点的权值，节点编号为 $1\sim n$，进行 m 次操作。操作格式：①$0\,x\,y$，查询节点 x、y 之间的路径上节点权值的异或和，保证节点 x、y 是连通的；②$1\,x\,y$，在节点 x、y 之间连一条边，若节点 x、y 是连通的，则无须连接它们；③$2\,x\,y$，删除节点 x、y 之间的边(x,y)，不保证边(x,y)存在；④$3\,x\,y$，将节点 x 的权值变为数值 y。

输入：第 1 行为 2 个整数 n 和 m，分别表示节点数和操作次数，$1\leqslant n\leqslant10^5$，$1\leqslant m\leqslant3\times10^5$。接下来的 n 行，每行都为 1 个[$1,10^9$]区间的整数，代表节点的权值。最后 m 行，每行都为 3 个整数，表示 1 种操作。

输出：对于每次查询操作，都单行输出 1 个整数，表示节点 x、y 之间的路径上节点权值的异或和。

输入样例	输出样例
3 3	3
1	1
2	
3	
1 1 2	
0 1 2	
0 1 1	

题解：本题求解节点 x、y 之间的路径上节点权值的异或和，并进行连边、删边、点更新操作，可以用动态树解决。

1．算法设计

（1）0 *x y*：查询节点 *x*、*y* 之间的路径上节点权值的异或和。首先切分出路径 *x–y*，然后返回根 *y* 的 *v* 值即可（当前节点的 *v* 值为其左、右孩子的 *v* 值与当前节点权值的异或和）。

（2）1 *x y*：在节点 *x*、*y* 之间连一条边。若节点 *x*、*y* 是连通的，则无须连接。

（3）2 *x y*：删除节点 *x*、*y* 之间的边(*x,y*)。若节点 *x*、*y* 是连通的且存在边(*x,y*)，则删除边(*x,y*)。

（4）3 *x y*：将节点 *x* 的权值变为数值 *y*。首先将节点 *x* 旋转到根，然后令 a[*x*]=*y*。

2．算法实现

```
struct Link_Cut_Tree{
    int top,c[MAXN][2],fa[MAXN],v[MAXN],st[MAXN],rev[MAXN];
    //更新当前节点的 v 值（路径上节点权值的异或和）
    void update(int x){v[x]=v[lc]^v[rc]^a[x];}
    void pushdown(int x){//下传懒标记
        if(rev[x]){
            rev[lc]^=1;rev[rc]^=1;rev[x]^=1;
            swap(lc,rc);
        }
    }
    //判断是不是所在伸展树的根
    bool isroot(int x){return c[fa[x]][0]!=x&&c[fa[x]][1]!=x;}
    void rotate(int x){//旋转，将节点 x 变为节点 y 的双亲
        int y=fa[x],z=fa[y],k;
        k=x==c[y][0];
        //若节点 y 不是根，则将节点 z 的孩子 y 变为节点 x
        if(!isroot(y)) c[z][c[z][1]==y]=x;
        fa[x]=z;fa[y]=x;fa[c[x][k]]=y;
        c[y][!k]=c[x][k];c[x][k]=y;
        update(y);update(x);
    }

    void splay(int x){//伸展
        st[top=1]=x;
        for(int i=x;!isroot(i);i=fa[i]) st[++top]=fa[i];//一定要从上往下记录
        while(top) pushdown(st[top--]);
        while(!isroot(x)){//将节点 x 旋转到根
            int y=fa[x],z=fa[y];
            if(!isroot(y)) (c[y][0]==x)^(c[z][0]==y)?rotate(x):rotate(y);
            rotate(x);
        }
    }
```

```
        void access(int x){//在节点 x、根之间连一条重链
            for(int y=0;x;x=fa[y=x])
                splay(x),rc=y,update(x);
        }

        void makeroot(int x){//换根，将节点 x 变为原树的根
            access(x);splay(x);rev[x]^=1;
        }

        int findroot(int x){//找节点 x 的根
            access(x);splay(x);
            while(lc) x=lc;
            return x;
        }

        void split(int x,int y){//切分出路径 x→y
            makeroot(x);access(y);splay(y);
        }

        void cut(int x,int y){//删除节点 x、y 之间的边 x-y
            split(x,y);
            //若节点 x 不是节点 y 的左孩子或节点 x 有右孩子，则说明在节点 x、y 之间无边
            if(c[y][0]!=x||c[x][1]) return;
            c[y][0]=fa[c[y][0]]=0;update(y);
        }

        void link(int x,int y){//在节点 x、y 之间连一条边 x-y
            makeroot(x);fa[x]=y;
        }
}LCT;

int main(){
    scanf("%d%d",&n,&m);
    for(int i=1;i<=n;i++) scanf("%d",&a[i]),LCT.v[i]=a[i];
    while(m--){
        int opt,x,y;
        scanf("%d%d%d",&opt,&x,&y);
        switch(opt){
        case 0:
            LCT.split(x,y);
            printf("%d\n",LCT.v[y]);break;
        case 1:
            if(LCT.findroot(x)!=LCT.findroot(y))//节点 x、y 不连通
                LCT.link(x,y);break;
        case 2:
            if(LCT.findroot(x)==LCT.findroot(y))//节点 x、y 连通
```

```
                LCT.cut(x,y);break;
      case 3:
          LCT.splay(x);a[x]=y;break;
      }
   }
   return 0;
}
```

训练 2 动态树的最值

题目描述（HDU4010）：一棵树有 n 个节点，每个节点都有权值。对该树有 4 种操作：①1 $x\,y$，在节点 x、y 之间连一条新边，之后，两棵树将被连接成一棵新树；②2 $x\,y$，在树的集合中找到包含节点 x 的树，使节点 x 变为该树的根，删除节点 y 与其双亲之间的边，之后，这棵树将被分成两部分；③3 $w\,x\,y$，将节点 x、y 之间的路径上所有节点的权值都加 w；④4 $x\,y$，查询节点 x、y 之间的路径上节点的最大权值。

输入：每个测试用例的第 1 行都为 1 个整数 n（$1\leqslant n\leqslant3\times10^5$）。接下来的 $n-1$ 行，每行都为 2 个整数 x、y，表示在节点 x、y 之间有一条边。下一行为 n 个整数，表示每个节点的权值都为 w_i（$0\leqslant w_i\leqslant3\,000$）。再下一行为 1 个整数 m（$1\leqslant m\leqslant3\times10^5$），表示 m 次操作。之后的 m 行以整数 1、2、3 或 4 开头，表示操作类型。

输出：对于每次查询，都单行输出正确答案。若该查询是一种特殊的操作，则输出 -1。在每个测试用例之后都输出 1 个空行。

输入样例	输出样例
5	3
1 2	-1
2 4	7
2 5	
1 3	
1 2 3 4 5	
6	
4 2 3	
2 1 2	
4 2 3	
1 3 5	
3 2 1 4	
4 1 4	

提示：在第 1 种操作中，若节点 x、y 属于同一棵树，则该操作是一种特殊的操作；在第 2 种操作中，若 $x=y$ 或者节点 x、y 不属于同一棵树，则该操作是一种特殊的操作；在第 3 种操作中，若节点 x、y 不属于同一棵树，则该操作是一种特殊的操作；在第 4 种操作中，若节点 x、y 不属于同一棵树，则该操作是一种特殊的操作。

题解：根据输入样例创建的树形结构如下图所示。

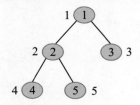

对输入样例的 6 种操作如下。

（1）4 2 3：查询节点 2、3 之间的路径上节点的最大权值，输出 3。

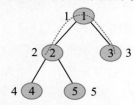

（2）2 1 2：首先找到包含节点 1 的树，使节点 1 成为该树的根，然后删除节点 2 与其双亲之间的边，实际上就是删除边 1-2。

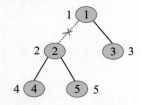

（3）4 2 3：查询节点 2、3 之间的路径上节点的最大权值，节点 2、3 不属于同一棵树，该操作是一种特殊的操作，输出 −1。

（4）1 3 5：在节点 3、5 之间连一条边。

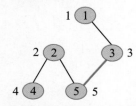

（5）3 2 1 4：将节点 1、4 之间的路径上所有节点的权值都加 2。

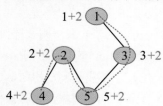

（6）414：查询节点1、4之间的路径上节点的最大权值，输出7。

1．算法设计

本题包含4种基本操作。

（1）连边：在节点 x、y 之间连一条边。若节点 x、y 属于同一棵树，则输出−1，否则执行 link(x,y)。

（2）删边：删除节点 x、y 之间的边。若 $x=y$ 或者节点 x、y 不属于同一棵树，则输出−1，否则执行 cut(x,y)。

（3）区间更新：将节点 x、y 之间的路径上所有节点的权值都加 w。若节点 x、y 不属于同一棵树，则输出−1，否则执行 addval(x,y,w)。

（4）区间最值查询：查询节点 x、y 之间的路径上节点的最大权值。若节点 x、y 不属于同一棵树，则输出−1，否则执行 split(x,y)，输出节点的最大权值 mx[y]。

2．算法实现

```
void update(int x){//更新
    int l=c[x][0],r=c[x][1];
    mx[x]=max(mx[l],mx[r]);
    mx[x]=max(mx[x],v[x]);
}

void pushdown(int x){//下传懒标记
    int l=c[x][0],r=c[x][1];
    if(rev[x]){
        rev[l]^=1;rev[r]^=1;rev[x]^=1;
        swap(c[x][0],c[x][1]);
    }
    if(add[x]){
        if(l){add[l]+=add[x];mx[l]+=add[x];v[l]+=add[x];}
        if(r){add[r]+=add[x];mx[r]+=add[x];v[r]+=add[x];}
        add[x]=0;
    }
}

void addval(int x,int y,int val){//将节点x、y之间的路径上所有节点的权值都加w
    split(x,y);
    add[y]+=val;mx[y]+=val;v[y]+=val;
}

int main(){
    int opt,x,y,w;
    while(~scanf("%d",&n)){
        for(int i=0;i<=n;i++)
```

```
            add[i]=rev[i]=fa[i]=c[i][0]=c[i][1]=0;
    mx[0]=-inf;
    for(int i=1;i<n;i++){
        scanf("%d%d",&x,&y);
        link(x,y);
    }
    for(int i=1;i<=n;i++) scanf("%d",&v[i]),mx[i]=v[i];
    scanf("%d",&m);
    while(m--){
        scanf("%d%d%d",&opt,&x,&y);
        switch(opt){
        case 1:
            if(findroot(x)==findroot(y)) {puts("-1");break;}
            link(x,y);break;
        case 2:
            if(findroot(x)!=findroot(y)||x==y) {puts("-1");break;}
            cut(x,y);break;
        case 3:
            w=x;x=y;scanf("%d",&y);
            if(findroot(x)!=findroot(y)) {puts("-1");break;}
            addval(x,y,w);break;
        case 4:
            if(findroot(x)!=findroot(y)) {puts("-1");break;}
            split(x,y);printf("%d\n",mx[y]);break;
        }
    }
    puts("");
    }
    return 0;
}
```

4.4 树套树

若要查询序列中第 k 小的元素，则很容易实现，但若要查询某个区间第 k 小的元素，就不容易了，再带有动态修改的话，查询区间第 k 小的元素会更难。可以用树套树解决动态区间第 k 小的问题。

树套树指在一个树形数据结构上，每个节点都不再是一个节点，而是另一种树形数据结构。最常见的树套树有线段树套平衡树、线段树套线段树等。

4.4.1 线段树套平衡树

线段树可用于点更新、区间更新和查询，平衡树可用于查询第 k 小、排名、前驱和后继等。线段树套平衡树将二者结合起来，用线段树维护区间，用平衡树维护对区间的动态修改。首先创建线段树，对于线段树上的每个节点，除了记录该节点对应区间的左、右边界，还用一棵平衡树维护该区间的数据。

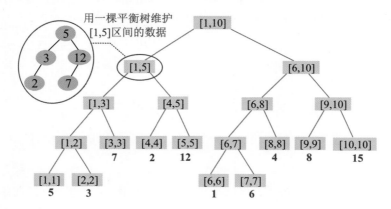

4.4.2 线段树套线段树

线段树套线段树实际上就是二维线段树，为线段树上的每个节点都创建一棵线段树。

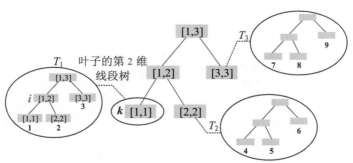

✏️ 训练 1 动态区间问题

题目描述（P3380）：写一种数据结构（平衡树）来维护一个有序数列，执行以下操作：①查询 *k* 在该区间的排名；②查询该区间排名为 *k* 的数；③修改某一位置的数；④查询 *k* 在该区间的前驱（严格小于 *x* 且最大的数，若不存在，则输出−2147483647）；⑤查询 *k* 在该区间的后继（严格大于 *x* 且最小的数，若不存在，则输出 2147483647）。

输入：第 1 行为 2 个整数 *n*、*m*，分别表示元素数量和操作次数。第 2 行为 *n* 个数，表示有序序列。接下来的 *m* 行，opt 表示操作类型，若 opt=1，之后有 3 个数 ql、qr、*k*，则表示查询 *k* 在[ql, qr]区间的排名；若 opt=2，之后有 3 个数 ql、qr、*k*，则表示查询[ql, qr]区间排名为 *k* 的数；若 opt=3，之后有 2 个数 pos、*k*，则表示将 pos 位置

的数修改为 k；若 opt=4，之后有 3 个数 ql、qr、k，则表示查询 k 在[ql, qr]区间的前驱；若 opt=5，之后有 3 个数 ql、qr、k，则表示查询 k 在[ql, qr]区间的后继。

输出：对于操作①、②、④、⑤，各输出一行，表示查询结果。

输入样例	输出样例
9 6	2
4 2 2 1 9 4 0 1 1	4
2 1 4 3	3
3 4 10	4
2 1 4 3	9
1 2 5 9	
4 3 9 5	
5 2 8 5	

题解：本题涉及 5 种操作：区间排名、区间第 k 小、点更新、区间前驱、区间后继。因为既涉及区间操作，又涉及动态更新，所以可以用线段树+平衡树解决。

1. 算法设计

为线段树的每个节点都创建一棵区间大小相同的平衡树，平衡树一般为 Treap 或伸展树。线段树的每层节点包含的元素数量都为 n，至多有 log$n$ 层，平衡树的节点数为 $O(n\log n)$。线段树的节点数为 $O(n)$，总空间复杂度为 $O(n\log n)$。例如，一棵线段树套平衡树如下图所示。

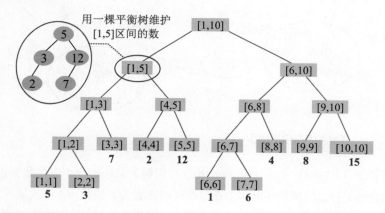

2. 算法实现

1）创建线段树+平衡树

创建一棵线段树，同时将每个节点所在区间的数都插入该节点对应的平衡树。

算法代码：

```
void build(int x,int l,int r){//创建线段树
    a[x].root=0;
```

```
for(int i=l;i<=r;i++)
    a[x].insert(a[x].root,p[i]);//将[l,r]区间的数都插入a[x]节点对应的平衡树
if(l==r) return ;
build(x<<1,l,l+r>>1);
build(x<<1|1,(l+r>>1)+1,r);
}
```

2）查询 k 在[ql, qr]区间的排名

在线段树上进行区间查询，统计该区间小于 k 的元素数量，将其加 1，得到 k 在 [ql, qr]区间的排名。

例如，查询 6 在[3,8]区间的排名，过程如下。

（1）从线段树的根开始，查询[3,8]区间。

（2）查询到[3,3]区间，该区间的平衡树上比 6 小的数为 0，ans=0。

（3）查询到[4,5]区间，该区间的平衡树上比 6 小的数为 1，ans=1。

（4）查询到[6,8]区间，该区间的平衡树上比 6 小的数为 2，ans=3。

因此，6 在[3,8]区间的排名为 ans+1=4，如下图所示。

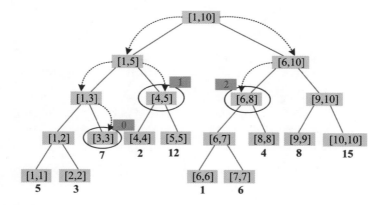

算法代码：

```
int queryrank(int x,int l,int r,int ql,int qr,int k){//查询 k 在[ql,qr]区间的排名
    if(l>qr||r<ql) return 0;
    if(ql<=l&&r<=qr)
        return a[x].rank(a[x].root,k);//在平衡树上查询排名（比 k 小的元素数量）
    int ans=0,mid=l+r>>1;
    ans+=queryrank(x<<1,l,mid,ql,qr,k);
    ans+=queryrank(x<<1|1,mid+1,r,ql,qr,k);
    return ans;
}
```

算法分析：在线段树上进行区间查询最多执行 $O(\log n)$ 层，在平衡树上进行排名查询最多执行 $O(\log n)$ 层，总时间复杂度为 $O(\log^2 n)$。

3）查询[ql, qr]区间排名为 k 的元素（区间第 k 小）

区间的元素是无序的，不可以按区间查找排名。因此在查询[ql,qr]区间排名为 k 的元素时只能按值二分搜索。初始时 $l=0$, $r=M$, M 为序列中元素的最大值，mid=$(l+r)/2$，查询 mid 在[ql,qr]区间的排名，若排名小于或等于 k，则 ans=mid，l=mid+1；否则 r=mid−1。

例如，查询[3,7]区间排名第 3 的元素，过程如下。

（1）l=0，r=M=15，mid=$(l+r)/2$=7，7 在[3,7]区间的排名为 4，4>3，r=mid−1=6。

（2）mid=(0+6)/2=3，3 在[3,7]区间的排名为 3，ans=3，l=mid+1=4。

（3）mid=(4+6)/2=5，5 在[3,7]区间的排名为 3，ans=5，l=mid+1=6。

（4）mid=(6+6)/2=6，6 在[3,7]区间的排名为 3，ans=6，l=mid+1=7。

（5）此时 l=7，r=6，l>r，循环结束。

[3,7]区间排名第 3 的元素为 6，如下图所示。

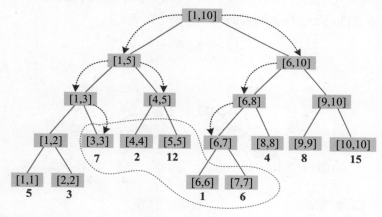

算法代码：

```
int queryval(int ql,int qr,int k){//查询[ql,qr]区间排名为 k 的元素
    int l=0,r=1e8,s,ans=-1;//二分
    while(l<=r){
        mid=l+r>>1;
        if(queryrank(1,1,n,ql,qr,mid)+1<=k) ans=mid,l=mid+1;
        else r=mid-1;
    }
    return ans;
}
```

算法分析：查询 mid 在[ql,qr]区间的排名的时间复杂度为 $O(\log^2 n)$，二分搜索的时间复杂度为 $O(\log M)$，总时间复杂度为 $O(\log^2 n\log M)$。

4）点更新

修改第 pos 位的数为 k，即点更新。线段树套平衡树的点更新与线段树的点更新相似，不同的是还需要更新每个节点对应的平衡树，最后修改 p[pos]=k。

例如，将该区间的第 4 个数修改为 10，过程如下。

（1）从线段树的根开始，更新根对应的平衡树，先删除 p[4]，再插入 10。

（2）进入左子树[1,5]，更新其对应的平衡树，先删除 p[4]，再插入 10。

（3）进入右子树[4,5]，更新其对应的平衡树，先删除 p[4]，再插入 10。

（4）进入左子树[4,4]，更新其对应的平衡树，先删除 p[4]，再插入 10。

最后将 p[4]修改为 10，如下图所示。

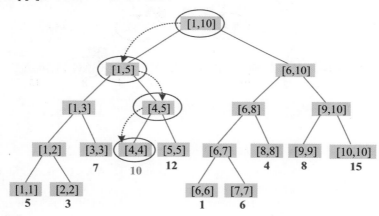

算法代码：

```
void modify(int x,int l,int r,int pos,int k){//修改第 pos 位的数为 k
    if(pos<l||r<pos) return ;
    a[x].delet(a[x].root,p[pos]);//先从平衡树上删除
    a[x].insert(a[x].root,k);//再将新值插入平衡树
    if(l==r) return ;
    int mid=l+r>>1;
    modify(x<<1,l,mid,pos,k);
    modify(x<<1|1,mid+1,r,pos,k);
}
```

算法分析：在线段树上进行区间查询最多执行 $O(\log n)$ 层，在平衡树上进行区间更新最多执行 $O(\log n)$ 层，总时间复杂度为 $O(\log^2 n)$。

5）查询 k 在[ql, qr]区间的前驱

若查询的区间与当前节点所在的区间无交集，则返回 –inf。若查询的区间覆盖当前节点所在的区间，则在当前节点对应的平衡树上查询 k 的前驱；否则在左、右子树上查询 k 的前驱，求解二者之间最大值为 k 的前驱。

例如，查询 10 在[4,9]区间的前驱，过程如下。

（1）查询到[4,5]区间，该区间的平衡树上 10 的前驱为-inf，ans=-inf。

（2）查询到[6,8]区间，该区间的平衡树上 10 的前驱为 6，ans=max(ans,6)=6。

（3）查询到[9,9]区间，该区间的平衡树上 10 的前驱为 8，ans=max(ans,8)=8。

因此 10 在[4,9]区间的前驱为 8，如下图所示。

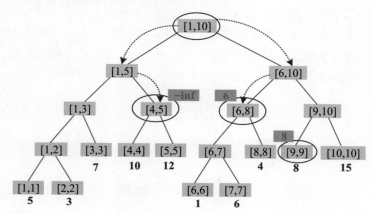

算法代码：

```
int querypre(int x,int l,int r,int ql,int qr,int k){//查询 k 在[ql,qr]区间的前驱
    if(l>qr||r<ql) return -inf;
    if(ql<=l&&r<=qr) return a[x].pre(a[x].root,k); //在平衡树上查询前驱
    int mid=l+r>>1;
    int ans=querypre(x<<1,l,mid,ql,qr,k);
    ans=max(ans,querypre(x<<1|1,mid+1,r,ql,qr,k));
    return ans;
}
```

算法分析：在线段树上进行区间查询最多执行 $O(\log n)$ 层，在平衡树上进行前驱查询最多执行 $O(\log n)$ 层，总时间复杂度为 $O(\log^2 n)$。

6）查询 k 在[ql, qr]区间的后继

若查询的区间与当前节点所在的区间无交集，则返回 inf。若查询的区间覆盖当前节点所在的区间，则在当前节点对应的平衡树上查询 k 的后继；否则在左、右子树上查询 k 的后继，求解二者之间最小值为 k 的后继。

例如，查询 6 在[4,9]区间的后继，过程如下。

（1）查询到[4,5]区间，该区间的平衡树上 6 的后继为 10，ans=10。

（2）查询到[6,8]区间，该区间的平衡树上 6 的后继为 inf，ans=min(ans, inf)=10。

（3）查询到[9,9]区间，该区间的平衡树上 6 的后继为 8，ans=min(ans,8)=8。

因此 6 在[4,9]区间的后继为 8，如下图所示。

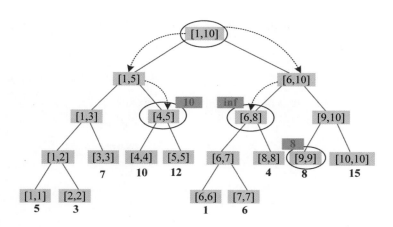

算法代码：

```
int querynxt(int x,int l,int r,int ql,int qr,int k){//查询k在[ql,qr]区间的后继
    if(l>qr||r<ql) return inf;
    if(ql<=l&&r<=qr) return a[x].nxt(a[x].root,k);//在平衡树上进行后继查询
    int mid=l+r>>1;
    int ans=querynxt(x<<1,l,mid,ql,qr,k);
    ans=min(ans,querynxt(x<<1|1,mid+1,r,ql,qr,k));
    return ans;
}
```

算法分析：在线段树上进行区间查询最多执行 $O(\log n)$ 层，在平衡树上进行后继查询最多执行 $O(\log n)$ 层，总时间复杂度为 $O(\log^2 n)$。

✐ 训练2　打马赛克

题目描述（HDU4819）：对一些图片进行像素化处理（打马赛克），首先把每张图片都分成 $n \times n$ 个方格，每个方格都有 1 个颜色值，然后选择 1 个方格，检查以该方格为中心的 $l \times l$ 区域的颜色值。假设区域中的最大颜色值和最小颜色值分别为 A 和 B，则用 floor((A+B)/2) 替换所选方格的颜色值。

输入：第 1 行为 1 个整数 T（$T \leqslant 5$），表示测试用例的数量。每个测试用例的第 1 行都为 1 个整数 n（$5 < n < 800$）。接下来的 n 行，每行都由 n 个整数表示原始颜色值，第 i 行中的第 j 个整数是方格(i, j)的颜色值，颜色值是不超过 10^9 的非负整数。之后跟着的 1 行为 1 个整数 q（$q \leqslant 10^5$），表示打马赛克的数量。接下来的 q 行表示 q 次操作，第 i 行为方格(x_i, y_i)和 l_i，其中，$1 \leqslant x_i, y_i \leqslant n$，$1 \leqslant l_i < 10^4$，$l_i$ 是奇数，表示根据上文所述的 $l_i \times l_i$ 区域的颜色值修改方格(x_i, y_i)的颜色值。

⚠️ **注意** 若区域不完全在图片中，则只考虑同时位于区域和图片中的方格，并按照输入顺序逐个更新。

输出：对于每个测试用例，都首先输出一行"Case#*t*:"（不带引号，*t* 表示测试用例的编号）。之后，对于每次操作，都输出已更新方格的颜色值。

输入样例	输出样例
1	Case #1:
3	5
1 2 3	6
4 5 6	3
7 8 9	4
5	6
2 2 1	
3 2 3	
1 1 3	
1 2 3	
2 2 3	

1. 算法设计

本题涉及两种操作：区间最值查询、点更新，要求查询以 (x, y) 为中心且 $l \times l$ 大小的矩形区间的颜色最大值 maxs 和最小值 mins，用 (maxs+mins)/2 更新方格 (x, y) 的颜色值。因为在本题中用到的是二维数据，所以可以用二维线段树（线段树套线段树）解决。

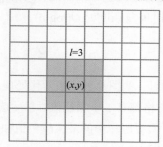

2. 算法实现

1）数据结构定义

本题用二维数组记录区间最值，不存储区间的左、右边界。tr[k][i] 表示第 1 维线段树上下标为 k 的节点对应的第 2 维线段树上下标为 i 的节点。

```
struct node{
    int Max,Min;//区间的最大值、最小值
}tr[maxn<<2][maxn<<2];
```

2）创建线段树套线段树

创建线段树套线段树包括创建第 1 维线段树和创建第 2 维线段树。在创建第 2 维线段树时需要指明为第 1 维线段树的哪个节点创建第 2 维线段树。以输入样例为例，其方格形态如下图所示。

1	2	3
4	5	6
7	8	9

创建线段树套线段树，过程如下。

（1）在第 1 维线段树 T 上，每个叶子都处理一行数据。

（2）T 上的叶子[1,1]处理第 1 行数据，在该叶子对应的第 2 维线段树 T_1 上，叶子 [1,1]代表第 1 行第 1 列，叶子[2,2]代表第 1 行第 2 列，叶子[3,3]代表第 1 行第 3 列。因为 T_1 上的分支节点[1,2]代表第 1 行第 1、2 列，所以在求解其最值时取其左、右子树的最值即可。

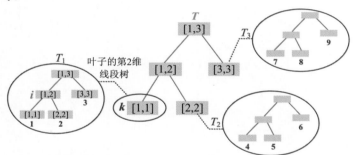

（3）回归时，为第 1 维线段树 T 上的每个分支节点都创建第 2 维线段树。T 上的分支节点[1,2]代表第 1～2 行，在其对应的第 2 维线段树 T_4 上，叶子[1,1]代表第 1、2 行的第 1 列，在求解其最值时取第 1 行第 1 列和第 2 行第 1 列的最值，即取 T_1 和 T_2 上对应节点的最值。在 T_4 上的叶子更新完毕后，返回时更新上层的分支节点，取自身的左、右子树的最值即可。

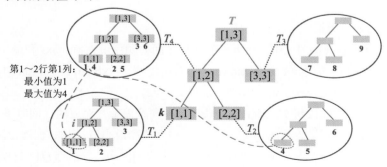

151

算法代码：

```
void build_y(int i,int k,int l,int r,int flag) {//创建第2维线段树
    int mid,val;//参数k,为第1维线段树上下标为k的节点创建第2维线段树
    //flag=1,为第1维线段树上的叶子创建第2维线段树;flag=2,为分支节点创建第2维线段树
    if(l==r){
        if(flag==1) {//只在叶子上读入数据
            scanf("%d",&val);
            tr[k][i].Max=tr[k][i].Min=val;
        }else{
            tr[k][i].Max=max(tr[k<<1][i].Max,tr[k<<1|1][i].Max);
            tr[k][i].Min=min(tr[k<<1][i].Min,tr[k<<1|1][i].Min);
        }
        return;
    }
    mid=(l+r)>>1;
    build_y(i<<1,k,l,mid,flag);
    build_y(i<<1|1,k,mid+1,r,flag);
    push_up(i,k);
}

void push_up(int i,int k){//更新节点的最值
    tr[k][i].Max=max(tr[k][i<<1].Max,tr[k][i<<1|1].Max);
    tr[k][i].Min=min(tr[k][i<<1].Min,tr[k][i<<1|1].Min);
}

void build_x(int i,int l,int r) {//创建第1维线段树
    if(l==r){
        build_y(1,i,1,n,1);//第1种创建方式,为叶子创建第2维线段树
        return;
    }
    int mid=(l+r)>>1;
    build_x(i<<1,l,mid);
    build_x(i<<1|1,mid+1,r);
    build_y(1,i,1,n,2);//第2种创建方式,为分支节点创建第2维线段树
}
```

3）区间最值查询

查询以方格(x, y)为中心的$l×l$大小的矩形区间的颜色最大值 maxs 和最小值 mins。计算矩形区间的左上角坐标(xa,ya)和右下角坐标(xb,yb)，$xa=max(1,x-l/2)$，$xb=min(n,x+l/2)$，$ya=max(1,y-l/2)$，$yb=min(n, y+l/2)$。

首先在第1维线段树 T 上查询[xa, xb]区间，在覆盖节点对应的区间时进入该节点对应的第2维线段树上查询[ya,yb]区间，更新最大值和最小值。例如，查询行区间[2,3]、列区间[1,3]的最值，首先在第1维线段树上查询[2,3]区间，找到节点[2,2]和[3,3]。在

节点[2,2]对应的第 2 维线段树 T_2 上查询[1,3]区间，T_2 上的根区间就是[1,3]区间，返回最大值 6 和最小值 4，maxs=6，mins=4；在节点[3,3]对应的第 2 维线段树 T_3 上查询[1,3]区间，T_3 上的根区间就是[1,3]区间，返回最大值 9 和最小值 7，maxs=max(maxs,9)=9，mins=min(mins,7)=4。

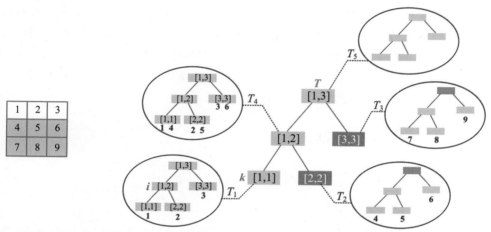

```
void query_y(int i,int k,int l,int r,int ll,int rr){//查询第2维线段树
    if(ll<=l&&rr>=r){
        maxs=max(maxs,tr[k][i].Max);
        mins=min(mins,tr[k][i].Min);
        return;
    }
    int mid=(l+r)>>1;
    if(ll<=mid) query_y(i<<1,k,l,mid,ll,rr);
    if(rr>mid) query_y(i<<1|1,k,mid+1,r,ll,rr);
}


void query_x(int i,int l,int r,int ll,int rr){ //查询第1维线段树
    if(ll<=l&&rr>=r){
        query_y(1,i,1,n,ya,yb); //在第2维线段树上查询[ya,yb]区间
        return;
    }
    int mid=(l+r)>>1;
    if(ll<=mid) query_x(i<<1,l,mid,ll,rr);
    if(rr>mid) query_x(i<<1|1,mid+1,r,ll,rr);
}

maxs=-inf,mins=inf; //初始化最大值和最小值
query_x(1,1,n,xa,xb); //在第1维线段树上查询[xa,xb]区间
```

4）点更新

点更新即将方格(x,y)的颜色值更新为 val。点更新与创建树时一样，也分为叶子更新和分支节点更新两种更新方式。

（1）第 1 维线段树 T 上的叶子更新。首先在第 1 维线段树 T 上查询 x，找到 x 所在的叶子后，在该节点对应的第 2 维线段树上查询 y，找到 y 所在的叶子后，将最大值和最小值均更新为 val，返回时更新第 2 维线段树的上层节点的最值。例如，在将(2,3)更新为 10 时，首先在第 1 维线段树 T 上查询 2，找到叶子[2,2]，在该节点对应的第 2维线段树 T_2 上查询 3，找到 3 所在的叶子[3,3]后，将最大值和最小值均更新为 10，返回时更新 T_2 的上层节点的最值。

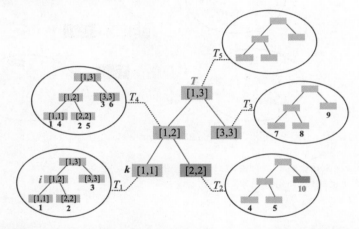

（2）第 1 维线段树 T 上的分支节点更新。从 T 上的叶子[2,2]返回时，需要更新其双亲[1,2]。T 上的分支节点[1,2]代表第 1、2 行，取 T_1、T_2 上对应节点的最值。在 T_4更新完毕后，返回时更新 T_4 的上层节点的最值。

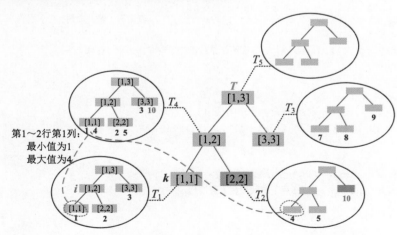

```
void modify_y(int i,int k,int l,int r,int val,int flag){//更新第 2 维线段树
    if(l==r){ //flag=1, 表示第 1 维线段树上的叶子对应的第 2 维线段树
        if(flag==1) tr[k][i].Max=tr[k][i].Min=val;
        else{
            tr[k][i].Max=max(tr[k<<1][i].Max,tr[k<<1|1][i].Max);
            tr[k][i].Min=min(tr[k<<1][i].Min,tr[k<<1|1][i].Min);
        }
        return;
    }
    int mid=(l+r)>>1;
    if(mid>=y) modify_y(i<<1,k,l,mid,val,flag);
    else modify_y(i<<1|1,k,mid+1,r,val,flag);
    push_up(i,k);
}

void modify_x(int i,int l,int r,int val){//更新第 1 维线段树
    if(l==r){
        modify_y(1,i,1,n,val,1);
        return;
    }
    int mid=(l+r)>>1;
    if(mid>=x) modify_x(i<<1,l,mid,val);
    else modify_x(i<<1|1,mid+1,r,val);
    modify_y(1,i,1,n,val,2); //更新第 2 维线段树
}

int tmp=(maxs+mins)/2; //求解最大值和最小值的均值
printf("%d\n",tmp);
modify_x(1,1,n,tmp);  //在第 1 维线段树上进行更新
```

第 5 章

可持久化数据结构

可持久化数据结构采用了一种可持久化思路：在每次操作后都仅对修改的部分创建副本，重用其他部分，算法的时间复杂度不变，空间复杂度仅增加与时间复杂度同级的规模，高效记录数据结构的所有历史状态。很多数据结构，如线段树、字典树、并查集、块状链表和平衡树等，都可被转变为可持久化数据结构。

5.1 可持久化线段树

在讲解可持久化线段树之前，首先讲解一种线段树——权值线段树。

1. 权值线段树

权值线段树与普通线段树的形式类似，但含义不同：普通线段树上的节点通常存储该区间的最值或和，其节点范围是一个区间；权值线段树上的节点存储该值域内的元素数量，其节点范围是一个值域。例如，创建权值线段树的存储序列{3, 1, 4, 2, 3, 5, 3, 4}，过程如下。

（1）该序列的最小值和最大值分别为 1 和 5，根[1,5]表示值域为[1,5]，对下面的节点只需像创建普通的线段树一样二分创建即可。初始化时，权值线段树上每个节点的权值均为 0，即落入该节点值域的元素数量为 0，如下图所示；将序列中的元素依次插入权值线段树，每插入一个元素，就产生一棵权值线段树。

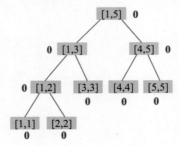

156

（2）将该序列的第 1 个元素 3 插入权值线段树，落入[1,5]值域的元素有 1 个，落入[1,3]值域的元素有 1 个，落入[3,3]值域的元素有 1 个。第 1 棵权值线段树如下图所示。

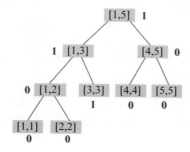

（3）依次插入元素 1、4、2、3，落入[1,5]值域的元素有 5 个，落入[1,3]值域的元素有 4 个……第 5 棵权值线段树如下图所示。

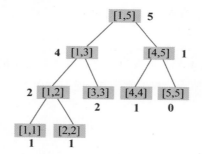

（4）依次插入元素 5、3、4，落入[1,5]值域的元素有 8 个，落入[1,3]值域的元素有 5 个……第 8 棵权值线段树如下图所示。

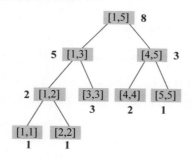

上面 n 棵权值线段树的形式一模一样，只是节点的权值不一样，所以这样的两棵线段树是可以相减的（两棵线段树相减就是这两棵树上对应节点的权值相减）。

第 8 棵权值线段树减去第 5 棵权值线段树得到的权值线段树如下图所示。第 5 棵权值线段树维护的区间是[1,5]，第 8 棵权值线段树维护的区间是[1,8]，两棵线段树相减得到一个新的区间[6,8]，即序列的第 6～8 个元素{5,3,4}对应的权值线段树。

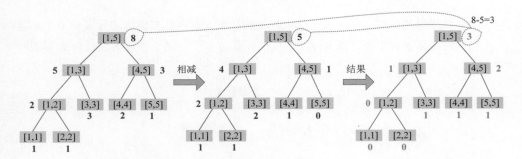

其中体现了前缀和的思想：若任意一个[l, r]区间的权值线段树都可以由两棵权值线段树（[1,r]和[1, l−1]）相减得到，则可以在这棵权值线段树上快速解决区间查询问题。

但是，这 n 棵权值线段树占用的内存空间太大了，其中有很多节点重复，浪费了大量内存空间。对此可以考虑优化：在创建权值线段树的过程中仅新建权值有变化的节点，直接重用权值未变化的节点，这就是可持久化线段树，下面详细讲解如何实现。

2. 可持久化线段树

例如，根据序列{3, 1, 4, 2, 3, 5, 3, 4}创建可持久化线段树，过程如下。

（1）初始化时，每个节点的权值都为 0，根为 rt[0]。

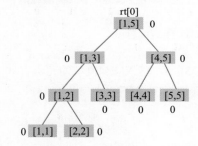

（2）将该序列的第 1 个元素 3 插入权值线段树，元素 3 落入[1,5]、[1,3]、[3,3]值域，只有这 3 个节点的权值有变化，只需新建 3 个节点且重用其他节点即可。插入第 1 个元素后，产生了第 1 棵权值线段树，根为 rt[1]，如下图所示。

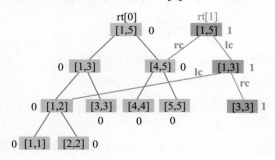

（3）将该序列的第 2 个元素 1 插入权值线段树，元素 1 落入[1,5]、[1,3]、[1,2]、[1,1]值域，只需新建 4 个节点且重用其他节点即可，第 2 棵权值线段树的根为 rt[2]，如下图所示。

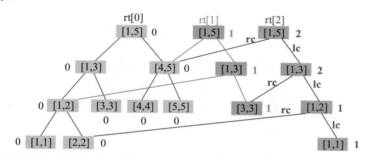

（4）插入第 3 个元素 4，元素 4 落入[1,5]、[4,5]、[4,4]值域，只需新建 3 个节点且重用其他节点即可，第 3 棵权值线段树的根为 rt[3]，如下图所示。

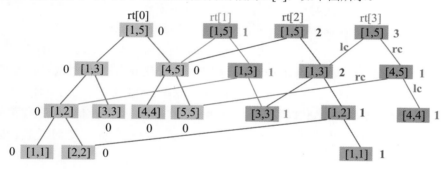

每次插入操作最多创建的节点数都为 $\log n$（从根到叶子），一共执行了 n 次插入操作，可持久化线段树的总节点数为 $O(n\log n)$，而 n 棵单独的权值线段树的总节点数为 $O(n^2)$。很明显，可持久化线段树通过重用减少了很多节点。同时，可以查询每个历史版本，查询插入第 3 个元素后的线段树，只需找到第 3 棵树的根 rt[3]即可。

3．数据离散化

因为权值线段树的节点范围是一个值，因此在值域非常大时需要做离散化处理。

（1）原数组 a[]={12, 5, 15, 8, 12, 20, 12, 15}，首先将原数组 a[]中的数据复制一份到 b[]数组，然后将 b[]数组排序，并用 unique()函数去掉其中重复的元素（即去重）。例如，将原数组 a[]中的数据复制一份到 b[]数组，将 b[]数组排序后得到{5, 8, 12, 12, 12, 15, 15, 20}，去重后得到{5, 8, 12, 15, 20}，元素数量 tot=5。

算法代码：

```
sort(b+1,b+n+1);//排序
int tot=unique(b+1,b+n+1)-b-1;//去重
```

（2）将原数组中的元素转换为该元素在 b[]数组中的下标。a[]数组中的第 1 个元素为 12，在 b[]数组中查找第 1 个大于或等于 12 的元素，其下标为 3；a[]数组中的第 2 个元素为 5，在 b[]数组中查找第 1 个大于或等于 5 的元素，其下标为 1。可以用 STL 中的 lower_bound()函数实现下标转换：

```
lower_bound(b+1,b+tot+1,a[i])-b;
```

lower_bound(begin,end,num)用于在[begin,end)区间二分查找第 1 个大于或等于 num 的元素，若找到，则返回该元素的地址，否则返回 end。将返回的地址减去初始地址 begin，得到该元素在数组中的下标。

4．创建可持久化线段树

创建可持久化线段树，相当于将 a[]数组中的每个元素都离散化为下标，并将该下标插入可持久化线段树。

```
for(int i=1;i<=n;i++)//将每个元素离散化后都插入可持久化线段树
    update(rt[i],rt[i-1],1,tot,lower_bound(b+1,b+tot+1,a[i])-b);
```

其中，rt[i]为当前版本（第 i 棵树）的根，rt[i−1]为前一版本（第 i−1 棵树）的根，tot 为离散化后的元素数量，lower_bound(b+1,b+tot+1,a[i])−b 为将 a[i]离散化后的下标。

既可以创建 rt[0]树，也可以不创建 rt[0]树，直接将 rt[0]树初始化为 0 即可。

算法分析：创建可持久化线段树，一共包括 n 次插入，在每次插入元素时都最多创建 $\log n$ 个新节点（从根到叶子），总时间复杂度为 $O(n\log n)$，空间复杂度也为 $O(n\log n)$。

5．插入

插入元素时，只需创建更新的节点，对无须更新的节点重用上一个版本（注意：不可以修改历史版本）。

例如，原数组 a[]={12, 5, 15, 8, 12, 20, 12, 15}，用插入操作创建可持久化线段树。首先将原数组 a[]中的数据复制一份到 b[]数组，将 b[]数组排序、去重后得到{5, 8, 12, 15, 20}，元素数量 tot=5。

	1	2	3	4	5
b[]	5	8	12	15	20

原数组 a[]中的第 1 个元素为 12，该元素在 b[]数组中的下标为 3；第 2 个元素为 5，该元素在 b[]数组中的下标为 1，以此类推。离散化后，原数组中的元素对应的 b[]数组中的下标序列为{3, 1, 4, 2, 3, 5, 3, 4}，将该序列依次插入可持久化线段树。

创建可持久化线段树，过程如下。

（1）插入下标 3。复制上一版本，rt[1]=rt[0]，根区间为[1,5]，权值加 1，mid=(1+5)/2=3，3≤mid，将其插入左子树；复制上一版本的节点[1,3]，权值加 1，mid=(1+3)/2=2，3>mid，将其插入右子树；复制上一版本的节点[3,3]，权值加 1。已到叶子，处理完毕。

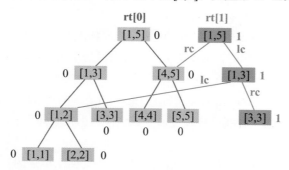

（2）插入下标 1。复制上一版本，rt[2]=rt[1]，权值加 1，mid=(1+5)/2=3，1≤mid，将其插入左子树；复制上一版本的节点[1,3]，权值加 1，mid=(1+3)/2=2，1≤mid，将其插入左子树；复制上一版本的节点[1,2]，权值加 1，mid=(1+2)/2=1，1≤mid，将其插入左子树；复制上一版本的节点[1,1]，权值加 1。已到叶子，处理完毕。

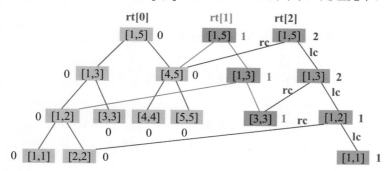

算法代码：

```
void update(int &i,int j,int l,int r,int k){//在可持久化线段树上插入元素 k
    i=++cnt;
    tr[i]=tr[j];
    ++tr[i].num;
    if(l==r) return;
    if(k<=mid) update(lc,Lc,l,mid,k);//mid 为(l+r)/2，lc 和 rc 为 tr[i]的左、右孩子
    else update(rc,Rc,mid+1,r,k);//Lc 和 Rc 为 tr[j]的左、右孩子
}
```

算法分析：

插入操作每次最多从根到叶子，时间复杂度和空间复杂度均为 $O(\log n)$。

6. 区间第 *k* 小的元素（POJ2104）

在可持久化线段树上，有相同值域的节点有可减性。

- 以 rt[*i*−1] 为根的线段树，其权值等于[1, *i*−1]区间落入[*l*, *r*]值域的元素数量。
- 以 rt[*j*] 为根的线段树，其权值等于[1, *j*]区间落入[*l*, *r*]值域的元素数量。

两棵线段树的值域划分是相同的，即两棵线段树上的节点是一一对应的。有相同值域的节点有可减性。rt[*j*]的权值减去 rt[*i*−1]的权值等于[*i*, *j*]区间落入[*l*, *r*]值域的元素数量。

查询[*i*, *j*]区间第 *k* 小的元素时，只需将 rt[*j*]和 rt[*i*−1]两棵线段树的权值相减，就可以得到[*i*, *j*]区间对应的一棵线段树，之后在该线段树上搜索即可。

算法步骤：

从根 rt[*j*]和 rt[*i*−1]开始，若 *l*=*r*，则返回 *l*；将当前两个节点的左子树的权值相减，得到 *s*，若 *k*≤*s*，则在左子树上查询第 *k* 小的元素，否则在右子树上查询第 *k*−*s* 小的元素。

例如，将原数组 a[]={12, 5, 15, 8, 12, 20, 12, 15}中的数据复制一份到 b[]数组，将 b[]数组排序、去重后得到{5, 8, 12, 15, 20}，原数组对应的 b[]数组中的下标序列为{3, 1, 4, 2, 3, 5, 3, 4}。

若想查询原数组中[2,4]区间第 2 小的元素，则查询过程如下。

（1）将第 4、1 棵树的左子树[1,3]的权值相减，*s*=3−1=2。

（2）2≤*s*，在左子树[1,3]上查找第 2 小的元素。

（3）将第 4、1 棵树的左子树[1,2]的权值相减，*s*=2−0=2。

（4）2≤*s*，在左子树[1,2]上查找第 2 小的元素。

（5）将第 4、1 棵树的左子树[1,1]的权值相减，*s*=1−0=1。

（6）2>*s*，在右子树[2,2]上查找第 1 小的元素。

（7）此时 *l*=*r*，返回 *l*=2，结束。

返回的值是 b[]数组中的下标，b[2]=8，即[2,4]区间第 2 小的元素为 8。

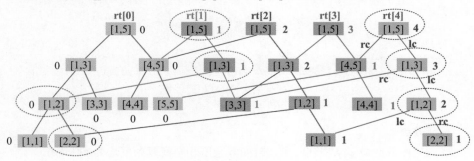

算法代码:

```
int query(int i,int j,int l,int r,int k){
    if(l==r) return l;
    int s=tr[Lc].num-tr[lc].num;
    if(k<=s) return query(lc,Lc,l,mid,k); //mid为(l+r)/2, lc和rc为tr[i]的左、右孩子
    else return query(rc,Rc,mid+1,r,k-s); //Lc和Rc为tr[j]的左、右孩子
}
```

算法分析：进行区间查询时，从根到叶子最多查询 $\log n$ 个节点，时间复杂度为 $O(\log n)$，进行 m 次查询的总时间复杂度为 $O(m\log n)$。对于静态区间第 k 小的问题，用可持久化线段树解决的时间复杂度为 $O((n+m)\log n)$，空间复杂度为 $O(n\log n)$；也可以用线段树套平衡树解决，时间复杂度为 $O((n+m)\log^2 n)$，空间复杂度为 $O(n\log n)$。线段树套平衡树更适用于解决动态区间第 k 小的问题，可持久化线段树不适用于解决动态修改的问题。

训练 1 超级马里奥

题目描述（**HDU4417**）见 1.1 节训练 1。

题解：本题为区间查询问题，查询其中小于或等于 h 的元素数量，既可以用分块算法解决，也可以用可持久化线段树解决。

1. 算法设计

首先将数据离散化，然后创建可持久化线段树，最后对于查询语句 $L\ R\ h$，先将 h 转换为离散化后的下标 k，再查询小于或等于 k 的元素数量。

2. 算法实现

1）离散化

首先将原数组 a[] 中的数据复制一份到 b[] 数组，然后将 b[] 数组排序，并用 unique() 函数去掉其中重复的元素。

2）创建可持久化线段树

创建可持久化线段树，相当于将 a[] 数组中的每个元素都离散化为 b[] 数组中的下标，将该下标插入可持久化线段树：

```
for(int i=1;i<=n;i++)//将每个元素离散化后的下标都插入可持久化线段树
    update(rt[i],rt[i-1],1,tot,lower_bound(b+1,b+tot+1,a[i])-b);
```

将原数组 a[]={0, 5, 2, 7, 5, 4, 3, 8, 7, 7 }中的数据复制一份到 b[] 数组，将 b[] 数组排序、去重后得到{0, 2, 3, 4, 5, 7, 8}，如下图所示。

163

	1	2	3	4	5	6	7
b[]	0	2	3	4	5	7	8

原数组 a[]对应的 b[]数组中的下标序列为{1, 5, 2, 6, 5, 4, 3, 7, 6, 6}，将该序列依次插入可持久化线段树。

创建可持久化线段树的过程如下。

（1）初始化所有节点的权值都为 0。

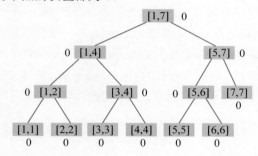

（2）插入 1，生成第 1 棵权值线段树。1 落入 4 个区间[1,7]、[1,4]、[1,2]、[1,1]，新建 4 个节点，重用其他节点。

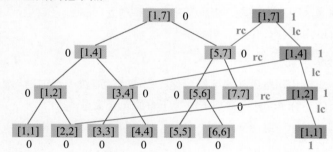

（3）插入 5，生成第 2 棵权值线段树。5 落入 4 个区间[1,7]、[5,7]、[5,6]、[5,5]，新建 4 个节点，重用其他节点。

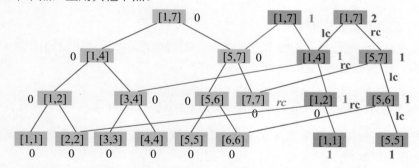

（4）插入 2，生成第 3 棵权值线段树。2 落入 4 个区间[1,7]、[1,4]、[1,2]、[2,2]，

新建 4 个节点，重用其他节点。

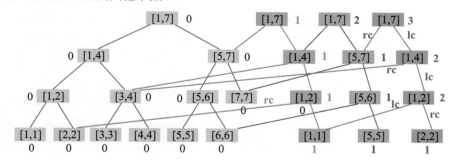

（5）插入 6，生成第 4 棵权值线段树。6 落入 4 个区间[1,7]、[5,7]、[5,6]、[6,6]，新建 4 个节点，重用其他节点。

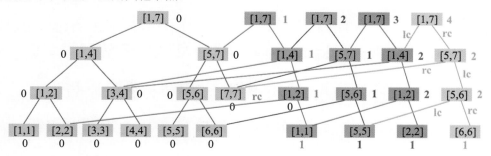

（6）将剩余的 6 个元素{5, 4, 3, 7, 6, 6}依次插入可持久化线段树。

3）查询[L, R]区间小于或等于 h 的元素数量

例如，查询[2,4]区间小于或等于 6 的元素数量，因为在创建的可持久化线段树上插入的数据是离散化后的下标，因此也需要将 6 转变为离散化后的下标。

在 b[]数组中查找第 1 个大于 6 的元素的下标，将其减 1 后得到 5。

	1	2	3	4	5	6	7
b[]	0	2	3	4	5	7	8

问题转变为在可持久化线段树上查询[2,4]区间小于或等于 5 的元素数量。可以用 STL 中的 upper_bound()函数解决这个问题：

```
int k=upper_bound(b+1,b+tot+1,h)-b-1;
```

用可持久化线段树处理[L,R]区间的问题时，需要将两棵树 rt[R]和 rt[L−1]的权值相减。

算法步骤：

（1）从根 rt[R]和 rt[L−1]开始。

（2）若 k≤mid，则在左子树上查询，累加结果。

（3）若 k>mid，则落在左子树的值域中的元素都比 k 小，rt[R]和rt[L–1]的左子树的权值之差就是[L, R]区间比 k 小的元素数量，之后在右子树上查询，累加结果。

（4）若当前节点为叶子，则累加权值之差，返回结果。

完美图解：

在上述可持久化线段树上查询[2,4]区间小于或等于 5 的元素数量，过程如下。

（1）从根 rt[4]开始，当前节点对应区间的左端点 l=1，右端点 r=7，mid=4。

（2）5>mid，累加 rt[4]和 rt[1]的左子树[1,4]的权值之差，ans=2–1=1；之后在右子树[5,7]上查询，当前节点对应区间的左端点 l=5，右端点 r=7，mid=6。

（3）5≤mid，在左子树[5,6]上查询，当前节点对应区间的左端点 l=5，右端点 r=6，mid=5。

（4）5≤mid，在左子树[5,5]上查询，当前节点为叶子，累加 rt[4]和 rt[1]的左子树[5,5]的权值之差，返回 ans+=1–0=2，所以[2,4]区间小于或等于 5 的数有 2 个。

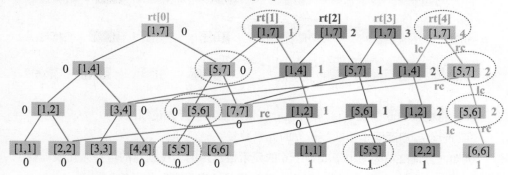

回头看原数组{0, 5, 2, 7, 5, 4, 3, 8, 7, 7 }，[2,4]区间小于或等于 6 的元素恰好有 2个。

算法代码：

```
int query(int i,int j,int l,int r,int k){
    if(l==r) return tr[j].num-tr[i].num;
    int ans=0;
    if(k<=mid) ans+=query(lc,Lc,l,mid,k);//#define lc tr[i].ch[0] #define Lc
tr[j].ch[0]
    else{
        ans+=tr[Lc].num-tr[lc].num;
        ans+=query(rc,Rc,mid+1,r,k);
    }
    return ans;
}
```

算法分析：创建可持久化线段树的时间复杂度为 $O(n\log n)$，进行区间查询时从根到叶子最多查询 $\log n$ 个节点，进行 m 次查询的时间复杂度为 $O(m\log n)$，总时间复杂度为 $O((n+m)\log n)$，空间复杂度为 $O(n\log n)$。

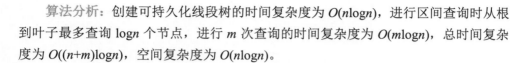 **训练2 记忆重现**

题目描述（HDU4348）：《到月球去》是 RPG 公司开发的一款角色扮演冒险游戏，登月的前提是能够永久重建临终人类的记忆。假设有 n 个整数 $a_1,a_2,\cdots,a_n$，实现以下操作：①C L R d：将每个 a_i（$L\leq i\leq R$）都加一个常数 d，并将时间戳加 1，这是唯一导致时间戳增加的操作；②Q L R：查询 a_i（$L\leq i\leq R$）当前的和；③H L R t：查询 a_i 在时间 t（$L\leq i\leq R$）的历史和；④B t：回到时间 t。一旦决定回到过去，就再也不可以访问该时间之后的版本了。其中，n、$m\leq 10^5$，$|a_i|\leq 10^9$，$1\leq L\leq R\leq n$，$|d|\leq 10^4$。系统从时间 0 开始，在时间 1 发生第 1 次修改，$t\geq 0$，不会向我们介绍未来的状态。

输入：每个测试用例的第 1 行都为 2 个整数 n 和 m，分别表示元素数量和操作次数。第 2 行为 n 个整数 $a_1,a_2,\cdots,a_n$。接下来的 m 行，每行都表示一种操作。

输出：对于每次查询，都单行输出结果。

输入样例	输出样例
10 5	4
1 2 3 4 5 6 7 8 9 10	55
Q 4 4	9
Q 1 10	15
Q 2 4	0
C 3 6 3	1
Q 2 4	
2 4	
0 0	
C 1 1 1	
C 2 2 -1	
Q 1 2	
H 1 2 1	

1．算法设计

本题包括 4 种操作：区间更新、区间和查询、历史版本区间和查询、回到某个历史版本。因为要记录每个历史版本，所以考虑用可持久化数据结构解决，例如，用可持久化线段树解决。但区间更新是一个大问题，可持久化线段树不允许对历史版本进行更新，因为更新历史版本会引起连锁反应，对后面重用该节点的版本都需要更新。可以考虑打懒标记，在查询时不下传懒标记，遇到懒标记就累加，最后把懒标记的影响加到最终的答案里，这种懒标记被称为"永久化标记"。

2．算法实现

1）创建线段树

创建一棵普通线段树（因为要计算区间和，所以不可以用权值线段树），每个节点的值都为该节点的区间和，懒标记在初始时为 0。根据序列{5, 3, 7, 2, 12}创建的普通线段树如下图所示。

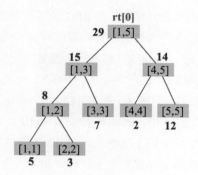

算法代码：

```
void push_up(int i){tr[i].sum=tr[lc].sum+tr[rc].sum;} //更新区间和
void build(int &i,int l,int r){//创建线段树
    i=++cnt;
    tr[i].lazy=0;
    if(l==r){
        scanf("%lld",&tr[i].sum);
        return;
    }
    build(lc,l,mid);
    build(rc,mid+1,r);
    push_up(i);
}
```

2）区间更新

将当前线段树上[L, R]区间的所有元素都加 d，时间戳+1。

算法步骤：

（1）从当前根开始，在线段树上查询[L, R]区间，在查询过程中复制经过的节点，并更新当前节点的和，即令当前节点的和+(R−L+1)×d。

（2）若[L, R]区间覆盖当前节点对应的区间，则打懒标记。

（3）若 R≤mid，则在左子树上更新。

（4）若 L>mid，则在右子树上更新。

（5）否则分别在左、右子树上更新。

完美图解：

例如，将对当前线段树上[3,5]区间的所有元素都加 2。

（1）从根开始查询[3,5]区间，复制根[1,5]，更新和 29+(5−3+1)×2=35。

（2）[3,5]区间跨左、右子树，在左子树上查询[3,3]区间，在右子树上查询[4,5]区间。

（3）在左子树[1,3]上查询[3,3]区间，复制左子树上的节点[1,3]，更新和 15+(3−3+1)×2=17。

（4）继续在节点[1,3]的右子树上查询[3,3]区间，复制右子树上的节点[3,3]，更新和 7+(3−3+1)×2=9。[3,3]区间覆盖该节点，该节点的懒标记+2。

（5）在右子树[4,5]上查询[4,5]区间，复制右子树上的节点[4,5]，更新和 14+(5−4+1)×2=18。[4,5]区间覆盖该节点，该节点的懒标记+2。结果如下图所示。

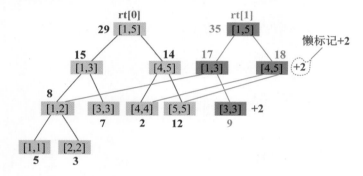

然后，继续对当前线段树[1,4]区间的所有元素都加 5。

（1）从根开始查询[1,4]区间，复制根[1,5]，更新和 29+(4−1+1)×5=55。

（2）[1,4]区间跨左、右子树，在左子树上查询[1,3]区间，在右子树上查询[4,4]区间。

（3）在左子树[1,3]上查询[1,3]区间，复制左子树上的节点[1,3]，更新和 17+(3−1+1)×5=32；[1,3]区间覆盖该节点，该节点的懒标记+5。

（4）在右子树[4,5]上查询[4,4]区间，复制右子树上的节点[4,5]，更新和 18+(4−4+1)×5=23。

（5）在节点[4,5]的左子树上查询[4,4]区间，更新和 2+(4−4+1)×5=7。[4,4]区间覆盖该节点，该节点的懒标记+5。结果如下图所示。

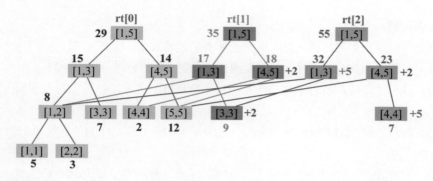

算法代码：

```
void update(int &i,int j,int l,int r,int L,int R,int d){//[L,R]区间加d
    i=++cnt;
    tr[i]=tr[j];
    tr[i].sum+=1ll*(R-L+1)*d;
    if(l>=L&&r<=R){//当前节点所在的区间为[l,r]
        tr[i].lazy+=d;
        return;
    }
    if(R<=mid) update(lc,Lc,l,mid,L,R,d);
    else if(L>mid) update(rc,Rc,mid+1,r,L,R,d);
    else{
        update(lc,Lc,l,mid,L,mid,d);
        update(rc,Rc,mid+1,r,mid+1,R,d);
    }
}
```

3）区间和查询

查询[*L, R*]的区间和时，首先要确定是哪个版本的线段树，然后在该线段树上查询区间和。在查询历史版本的区间和时指明历史版本 *t* 即可，该根为 rt[*t*]，当前根为 rt[now]。

算法步骤：

（1）从当前根开始，当前节点对应区间的左端点 *l*=1，右端点 *r*=*n*，懒标记 *x*=0。

（2）若[*L,R*]覆盖当前节点对应的区间，则返回当前节点的和+区间长度×懒标记。

（3）若 *R*≤mid，则在左子树上查询，累加当前节点的懒标记 *x*=*x*+tr[*i*].lazy。

（4）若 *L*>mid，则在右子树上查询，累加当前节点的懒标记 *x*=*x*+tr[*i*].lazy。

（5）否则，分别在左、右子树上查询累加和，并累加当前节点的懒标记 *x*=*x*+tr[*i*].lazy。

查询当前线段树[1,4]的区间和，过程如下。

（1）从当前根开始，懒标记 *x*=0。

（2）[1,4]区间跨左、右子树，分别在左子树上查询[1,3]区间，在右子树上查询[4,4]区间，累加和。

（3）在左子树[1,3]上查询[1,3]区间，[1,3]区间覆盖当前节点所在的区间，返回当前节点的和+区间长度×懒标记，得到32+(3-1+1)×0=32。

（4）在右子树[4,5]上查询[4,4]区间，继续在左子树上查询，累加当前节点的懒标记 $x=x+tr[i].lazy=2$。

（5）在节点[4,5]的左子树[4,4]上查询[4,4]区间，[4,4]区间覆盖当前节点所在的区间，返回当前节点的和+区间长度×懒标记，得到7+(4-4+1)×2=9。

（6）将左、右子树的结果累加，32+9=41。在查询过程中经过的节点如下图所示。

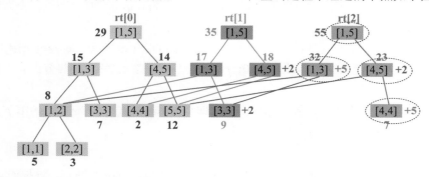

算法代码：

```
ll query(int i,int l,int r,int L,int R,ll x){//查询[L,R]区间和
    if(l>=L&&r<=R)  //当前节点的区间为[l,r]
        return tr[i].sum+1ll*(r-l+1)*x;
    if(R<=mid) return query(lc,l,mid,L,R,x+tr[i].lazy);
    else if(L>mid) return query(rc,mid+1,r,L,R,x+tr[i].lazy);
    else return
      query(lc,l,mid,L,mid,x+tr[i].lazy)+query(rc,mid+1,r,mid+1,R,x+tr[i].lazy);
}
```

4）回到某个历史版本

回到历史版本 t 时，令当前版本 now=t 即可。注意：因为一旦回到历史版本 t，t 之后的版本就已失效，因此重置节点下标 cnt 为 t 版本的最后一个节点的编号，即 rt[t+1] 的前一个节点的编号，cnt=rt[t+1]-1；若没有重置 cnt，则这些失效的节点仍然占用空间，会浪费大量空间。

算法分析：区间更新、区间查询操作的时间复杂度均为 $O(\log n)$，回到历史版本的时间复杂度为 $O(1)$。

5.2 可持久化字典树

可持久化字典树与其他可持久化数据结构一样，存储所有历史版本，并根据可重用信息，每次都只重建有变化的节点。可持久化字典树上的节点与普通字典树上的节点一样，可以用 trie[x][c] 存储节点 x 的字符指针 c 指向的孩子编号。

在可持久化字典树上插入一个字符串 s，假设当前可持久化字典树的根为 root[i−1]，令变量 p=root[i−1]，从 s[j]（j=0）开始处理。

算法步骤：

（1）创建一个新节点，令变量 q 记录该节点的下标，q 可代指该节点。令当前根 root[i]=q；

（2）若 p≠0，则节点 q 复制节点 p，即对于每个字符指针 c，都令 trie[q][c]=trie[p][c]；

（3）创建一个新节点 r，trie[q][s[j]]=r。此时节点 q 除了字符 s[j] 与节点 p 不同，其他孩子完全相同；

（4）变量 p、q 分别沿着字符 s[j] 向下走，即令 p=trie[p][s[j]]，q=trie[q][s[j]]，j=j+1，转向第 2 步，继续处理字符串的下一个字符。

完美图解：

例如，在可持久化字典树上依次插入字符串"cat" "bat" "cow" "bee"，过程如下。

（1）插入"cat"。创建新根 rt[1]。

（2）插入"bat"。创建新根 rt[2]，rt[2]复制根 rt[1]。字符'c'和前一版本一样，创建新节点 b，沿着字符'b'向下走，继续处理余下的字符。

（3）插入"cow"。创建新根 rt[3]，rt[3]复制根 rt[2]，字符'b'和前一版本一样，创建新节点 c。变量 p、q 分别从根 rt[2]、rt[3]开始沿着字符'c'向下走，节点 q 复制节点 p，字符'a'和前一版本一样；变量 p 和 q 分别沿着字符'o'向下走，处理余下的字符。

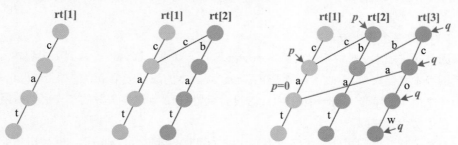

（4）插入"bee"。创建新根 rt[4]，rt[4]复制根 rt[3]，字符'c'和前一版本一样，创建新节点 b。变量 p 和 q 分别从根 rt[3]、rt[4]开始沿着字符'b'向下走，节点 q 复制节点 p，字符'a'和前一版本一样；变量 p 和 q 分别沿着字符'e'向下走，处理余下的字符。

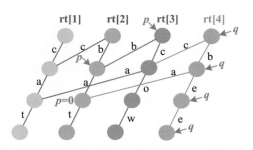

从任何一个根 rt[i] 都可以找到前 i 个字符串。从根 rt[3] 可以找到前 3 个字符串 "cat" "bat" "cow"。

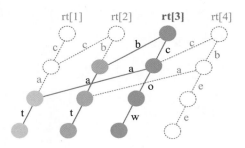

✎ 训练　最大异或和

题目描述（P4735）：给定 1 个非负整数序列 $\{a[i]\}$，其初始长度为 N。有 M 次操作，操作类型有两种：①A x，表示在序列末尾添加 1 个数 x，序列的长度为 N+1；②Q $l\ r\ x$，表示询问操作，需要找到 1 个位置 p，满足 $l \le p \le r$，使得 $a[p] \oplus a[p+1] \oplus \cdots \oplus a[N] \oplus x$ 最大，输出最大值。

输入：第 1 行为 2 个整数 N、M（$1 \le N, M \le 3 \times 10^5$）。第 2 行为 N 个非负整数，表示初始序列 $a[i]$（$0 \le a[i] \le 10^7$）。接下来的 M 行，每行都描述一种操作。

输出：对于每次询问操作，都单行输出答案。

输入样例	输出样例
5 5	4
2 6 4 3 6	5
A 1	6
Q 3 5 4	
A 4	
Q 5 7 0	
Q 3 6 6	

1．算法设计

本题包括区间查询和添加操作。可以用字典树解决最大异或问题，若有区间限制，则用可持久化字典树解决。

这里先讲解异或问题。异或问题是研究数列上的异或性质的一类问题，例如区间最大异或、异或和等相关问题，在解决这些问题时通常会用到如下性质。

- 交换律：$a \oplus b = a \oplus b$。
- 结合律：$(a \oplus b) \oplus c = a \oplus (b \oplus c)$。
- 自反性：$a \oplus a = 0$。
- 不变性：$a \oplus 0 = a$。

根据上述性质，区间的异或值有前缀和的性质，即

$$a_l \oplus a_{l+1} \oplus \cdots \oplus a_r = (a_1 \oplus a_2 \oplus \cdots \oplus a_{l-1}) \oplus (a_1 \oplus a_2 \oplus \cdots \oplus a_{l-1} \oplus a_l \oplus a_{l+1} \oplus \cdots \oplus a_r)$$

将等号右侧前面部分根据自反性抵消，写成公式：

$$\bigoplus_{k=l}^{r} a_k = \left(\bigoplus_{k=1}^{l-1} a_k\right) \oplus \left(\bigoplus_{k=1}^{r} a_k\right)$$

设 $s[i]$ 表示 a 序列前 i 个数异或的结果：

$$s[i] = \bigoplus_{k=1}^{i} a_k$$

$$\bigoplus_{k=p}^{N} a_k = s[p-1] \oplus s[N]$$

$$\bigoplus_{k=p}^{N} a_k \oplus x = s[p-1] \oplus s[N] \oplus x$$

则问题转变为求解 1 个 p（$l-1 \leqslant p \leqslant r-1$），使 $s[p] \oplus s[N] \oplus x$ 最大。

令 val=$s[N] \oplus x$，若没有区间限制，则可以直接将 $s[0] \sim s[N]$ 的二进制编码插入字典树，询问哪个二进制编码与 val 异或的结果最大。可以从字典树的根出发，沿着与 val 当前位相反的边走，若无法前进，则选择另一条边，得到的数与 val 异或的结果最大。

在有区间限制[$l-1,r-1$]的情况下，可以用可持久化字典树解决该问题。用 rt[i]存储 $s[0] \sim s[i]$ 的二进制编码，在 rt[$r-1$]树上查询时，尽量沿着与 val 当前位相反的边走，且该节点对应的 s[]数组中的元素下标 p 大于或等于 $l-1$，这样求出的 p 值满足 $l-1 \leqslant p \leqslant r-1$，返回 $s[p] \oplus$ val 即可。

2. 算法实现

1）创建可持久化字典树

创建可持久化字典树，读入 x，得到 $s[i]=s[i-1]\^x$，即前 i 个数异或的结果。将 $s[i]$ 插入可持久化字典树，当前根为 rt[i]，上一个版本的根为 rt[$i-1$]。$0 \leqslant a[i] \leqslant 10^7$，二进制数不超过 24 位，因此从最高位 23 插入。

算法代码：

```
for(int i=1;i<=n;i++){
  scanf("%d",&x);
  s[i]=s[i-1]^x;
  rt[i]=++tot;
  insert(i,23,rt[i-1],rt[i]);
}
```

2）插入操作

可持久化字典树记录每个历史版本，插入操作是在上一个版本的基础上创建有变化的节点。初始化时，maxs[0]=-1，所有未创建的节点的下标均为0。

算法步骤：

（1）从当前根 q 及上一版本的根 p 开始。

（2）maxs[q]=i，记录新节点 q 对应的 s[] 数组中的元素下标。

（3）若 $k<0$，则返回。

（4）取 s[i] 第 k 位上的数 c，创建新节点 trie[q][c]=++tot。

（5）若上一版本的 p 存在，则复制其另一棵子树，trie[q][c^1]=trie[p][c^1]。

（6）递归调用，处理 $k-1$ 位，当前根为 trie[q][c]，上一版本的根为 trie[p][c]。

完美图解：

例如，根据序列{2, 6, 4, 3, 6}创建可持久化字典树，过程如下。

（1）初始化，将 0 插入可持久化字典树。

（2）s[1]=s[0]^2=0^2=2，将 2（二进制数为 10）插入可持久化字典树。

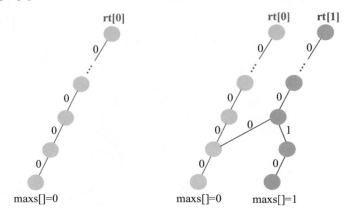

（3）s[2]=s[1]^6=2^6=4，将 4（二进制数为 100）插入可持久化字典树。

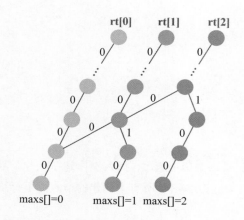

（4）s[3]=s[2]^4=4^4=0，将 0 插入可持久化字典树。

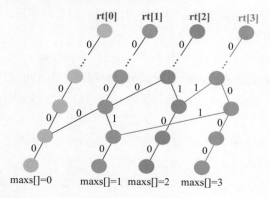

（5）s[4]=s[3]^3=0^3=3，将 3（二进制数为 11）插入可持久化字典树。

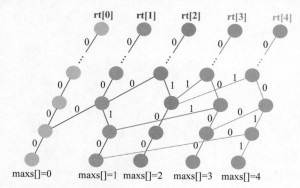

（6）s[5]=s[4]^6=3^6=5，将 5（二进制数为 101）插入可持久化字典树。

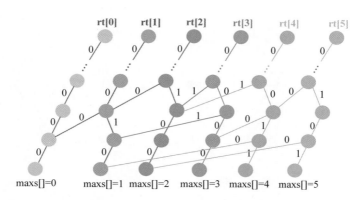

在创建可持久化字典树的过程中可以发现，创建第 i 棵树（插入 $s[i]$）时，新创建的所有节点 x 的下标均为 i。因此，maxs[x] 也可被理解为节点 x 被创建时对应的 s[] 数组中元素的下标。

算法代码：

```
void insert(int i,int k,int p,int q) {
    maxs[q]=i;//新节点 q 对应的 s[] 数组中元素的下标
    if(k<0) return;
    int c=s[i]>>k&1;//取第 k 位
    if(p) trie[q][c^1]=trie[p][c^1];//另一子树复制上一版本
    trie[q][c]=++tot;//创建新节点
    insert(i,k-1,trie[p][c],trie[q][c]);
}
```

3）查询操作

下面进行区间查询，查询下标 p（$l-1 \leqslant p \leqslant r-1$），使 $s[p] \oplus val$ 最大。在 rt[$r-1$] 树上查询时，若与 val 当前位相反的节点对应的 s[] 数组中元素的下标大于或等于 $l-1$，则沿着与 val 当前位相反的边走，否则沿着与 val 当前位相同的边走，在 $k<0$ 时返回 $s[maxs[q]] \oplus val$ 即可。此时 maxs[q] 就是满足条件的 p 值。

为什么仅判断下界？因为在 rt[$r-1$] 树上查询时，rt[$r-1$] 树记录的是 $s[1]$～$s[r-1]$，因此找到的下标 p 不会超过 $r-1$。根据前缀和特性，可持久化数据结构只可能向前搜索，不可能向后搜索。沿着与 val 当前位相反的边走时，有可能向前走向对应的 s[] 数组中元素的下标小于 $l-1$ 的节点，因此需要判断，当该节点对应的 s[] 数组中元素的下标大于或等于 $l-1$ 时，才会沿着该节点走。

为什么对与 val 当前位相同的节点不用判断 s[] 数组中元素的下标？因为若与 val 当前位相反的节点对应的 s[] 数组中元素的下标小于 $l-1$，则说明该节点在当前树前面的树上，而与 val 当前位相同的节点肯定在当前树上，既然可以访问当前树，那么当前树上每个节点对应的 s[] 数组中元素的下标都必然大于或等于 $l-1$。

完美图解：

（1）添加 A 1，s[6]=s[5]^1=5^1=4，将 4（二进制数为 100）插入可持久化字典树。

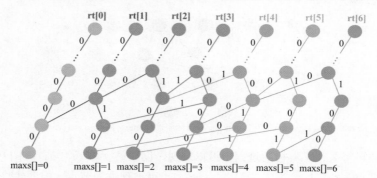

（2）查询 Q 3 5 4，即求解 $2 \leqslant p \leqslant 4$，使 $s[p] \oplus val$ 最大。$val=s[N] \oplus x=s[6]^4=4^4=0$。在 rt[4]树上查询时，若与 val 当前位相反的节点对应的 s[]数组中元素的下标大于或等于 2，则沿着与 val 当前位相反的边走，否则沿着与 val 当前位相同的边走，在 $k<0$ 时返回 $s[2]^0=4^0=4$。

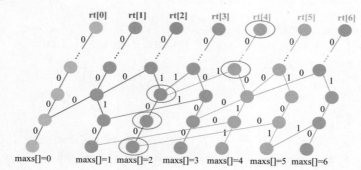

（3）添加 A 4，s[7]=s[6]^4=4^4=0，将 0 插入可持久化字典树。

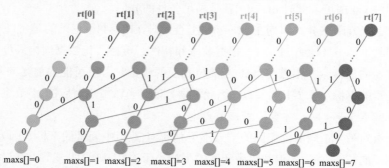

（4）查询 Q 5 7 0，即求解 $4 \leqslant p \leqslant 6$，使 $s[p] \oplus val$ 最大。$val=s[N] \oplus x=s[7]^0=0^0=0$。

在 rt[6]树上查询时，若与 val 当前位相反的节点对应的 s[]数组中元素的下标大于或等于 4，则沿着与 val 当前位相反的边走，否则沿着与 val 当前位相同的边走，在 $k<0$ 时返回 s[5]^0=5^0=5。

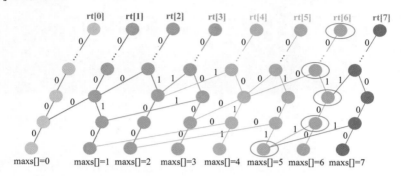

（5）查询 Q 3 6 6，即求解 $2 \leqslant p \leqslant 5$，使 $s[p] \oplus val$ 最大。val=s[N] $\oplus x$=s[7]^6=0^6=6。在 rt[5]树上查询时，若与 val 当前位相反的节点对应的 s[]数组中元素的下标大于或等于 2，则沿着与 val 当前位相反的边走，否则沿着与 val 当前位相同的边走，在 $k<0$ 时返回 s[3]^6=0^6=6。

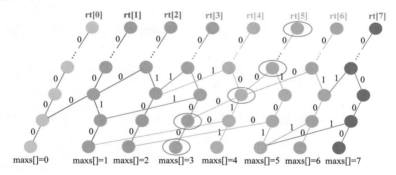

算法代码：

```
int query(int q,int k,int val,int limit) {
    if(k<0) return s[maxs[q]]^val;
    int c=val>>k&1;
    if(maxs[trie[q][c^1]]>=limit)
        return query(trie[q][c^1],k-1,val,limit);
    else
        return query(trie[q][c],k-1,val,limit);
}
```

179

第6章

图论算法进阶

生活中的电网、水管网、交通运输网都有一个共同点：在网络传输中有方向和容量。假设有向带权图 $G=(V,E)$，$V=\{s,v_1,v_2,v_3,\cdots,t\}$，其中，节点 s 为源点，节点 t 为汇点。边的方向表示流向，边的权值表示该边允许通过的最大流量 cap（cap≥0），即边的容量。若在有向带权图中有一条边(u,v)，则必然不存在反向边(v,u)。这样的有向带权图被称为"网络"。

网络流即网络中的流，是被定义在网络边集上的一个非负函数集，flow=\{flow(u,v)\}，flow(u,v)表示经过边(u,v)的流量。满足以下 3 个性质的网络流被称为"可行流"。

（1）容量约束：经过任意一条边(u,v)的流量都不能超过其最大容量，即 flow(u,v)≤cap(u,v)。

（2）反对称性：假设从节点 u 到节点 v 的流量是 flow(u,v)，从节点 v 到节点 u 的流量是 flow(v,u)，则满足 flow(u,v)=−flow(v,u)。

（3）流量守恒：除源点和汇点外，所有内部节点的流入量都等于其流出量，即

$$\sum_{(x,u)\in E} \text{flow}(x,u) = \sum_{(u,y)\in E} \text{flow}(u,y)$$

例如，若节点 u 的流入量之和是 10，则其流出量之和也是 10。

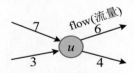

源点主要流出流量，但也可能流入流量。例如，工厂为源点，仓库为汇点，部分产品在出厂后因被检测不合格需要返厂，则对源点来说，这些产品就是流入量。源点的净输出 f=流出量之和−流入量之和。

$$f = \sum_{(s,x)\in E} \text{flow}(s,x) - \sum_{(y,s)\in E} \text{flow}(y,s)$$

例如，若源点的流出量之和是 10，流入量之和是 2，则其净输出是 8。

汇点主要流入流量，但也可能流出流量。例如，部分产品在入库后因被检测不合格需要返厂，则对汇点来说，这些产品就是流出量。汇点的净输入 f=流入量之和−流出量之和。

$$f = \sum_{(x,t)\in E} \text{flow}(x,t) - \sum_{(t,y)\in E} \text{flow}(t,y)$$

例如，若汇点的流入量之和是 9，流出量之和是 1，则其净输入是 8。

⚠️ **注意** 对于任意一个可行流 flow，其净输出都等于其净输入，满足流量守恒定律。

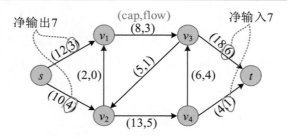

网络最大流指在满足容量约束和流量守恒定律的前提下，净输出最大的网络流。求解网络最大流的基本思想是在网络中找增广路径，沿着增广路径增流（增加流量），直到不存在增广路径时为止。

实流网络是只包含实际流量的网络。网络 G 及可行流 flow 对应的实流网络如下图所示。

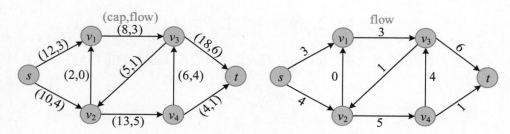

残余网络 G^* 与网络 G 中的节点相同，网络 G 中的每条边都对应残余网络 G^* 中的一条边或两条边。在残余网络 G^* 中，与网络 G 中的边对应的同向边的权值是可增量（还可增加多少流量），反向边的权值是实际流量。

在残余网络中不显示流量为 0 的边。网络 G 及可行流 flow 对应的残余网络 G^* 如下图所示。

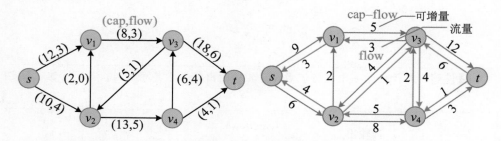

增广路径是残余网络中从源点到汇点的一条简单路径。增广量指增广路径上每条边可增量的最小值。例如，一个网络流如下图所示，s-v_1-v_3-t 就是一条增广路径，增广量为 5。

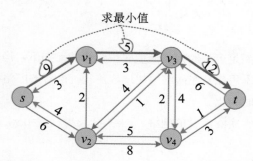

增广路定理：设 flow 是网络 G 的一个可行流，若不存在从源点到汇点的增广路

径，则 flow 是 G 的一个最大流。

增广路算法的基本思想：首先在残余网络中查找增广路径，然后在实流网络中沿着增广路径增流，在残余网络中沿着增广路径减流，重复以上步骤，直到不存在增广路径时为止。此时，实流网络中的可行流就是最大流。找增广路径的算法不同，时间复杂度相差很大。

6.1 EK 算法

EK（Edmonds-Karp）算法是以广度优先搜索为基础的最短增广路算法。用队列 q 存储已被访问且未被检查的节点，访问标记数组 vis[] 标记节点是否已被访问，前驱数组 pre[] 记录增广路径上节点的前驱。pre[v]=u 表示增广路径上节点 v 的前驱是节点 u。

1．算法步骤

（1）初始化可行流为 0 流（实流网络中所有边的流量都为 0），vis[] 数组的值为 false，pre[] 数组的值为 –1，最大流 maxflow=0。

（2）令 vis[s]=true，将元素 s 放入队列 q。

（3）若队列为空，则算法结束，当前实流网络就是最大流网络，返回最大流的值。

（4）队头 u 出队，在残余网络中检查节点 u 的邻接点 v，若节点 v 未被访问，则访问它，即 vis[v]=true，记录节点 v 的前驱为节点 u，即 pre[v]=u。若 v=t，则说明已到达汇点，找到一条增广路径，转向第 5 步，否则将节点 v 加入队列 q，转向第 3 步。

（5）从汇点开始，通过 pre[] 数组在残余网络中逆向查找增广路径上所有边的最小权值 d。

（6）在实流网络中增流，在残余网络中减流。maxflow+=d，转向第 2 步。

2．完美图解

（1）初始化可行流为 0 流，在残余网络中全是最大容量边（可增量），如下图所示。初始化 vis[] 数组为 0 且 pre[] 数组为 –1。

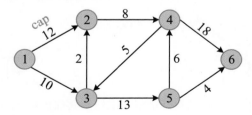

（2）令 vis[1]=true，将元素 1 放入队列 q。

q	1			

（3）队头元素 1 出队，在残余网络中依次检查其邻接点 2、3，节点 2、3 均未被访问，令 vis[2]=true，pre[2]=1，将节点 2 放入队列 q；令 vis[3]=true，pre[3]=1，将节点 3 放入队列 q。

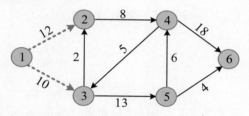

vis[]、pre[] 数组如下图所示。

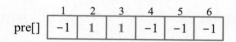

（4）队头元素 2 出队，在残余网络中检查其邻接点 4，节点 4 未被访问，令 vis[4]=true，pre[4]=2，将节点 4 放入队列 q。

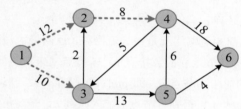

vis[]、pre[] 数组如下图所示。

	1	2	3	4	5	6
vis[]	1	1	1	1	0	0

	1	2	3	4	5	6
pre[]	−1	1	1	2	−1	−1

（5）队头元素 3 出队，在残余网络中依次检查其邻接点 2、5，节点 2 已被访问，什么也不做，节点 5 未被访问，令 vis[5]=true，pre[5]=3，将节点 5 放入队列 q。

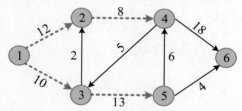

（6）队头元素 4 出队，在残余网络中依次检查其邻接点 3、6，节点 3、6 均未被访问，令 vis[6]=true，pre[6]=4，到达汇点，找到一条增广路径。

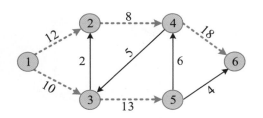

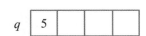

（7）读取 pre[6]=4，pre[4]=2，pre[2]=1，即 1-2-4-6。在残余网络中，该路径上所有边的最小权值为 8，增广量 d=8。

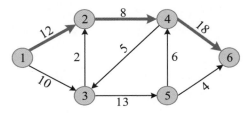

（8）实流网络增流：沿着增广路径的同向边增流 d，并沿着其反向边减流 d。残余网络减流：沿着增广路径的同向边减流 d，并沿着其反向边增流 d。增、减流后的实流网络和残余网络如下图所示。在残余网络中，2-4 边的流量为 0，该边消失。

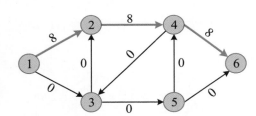
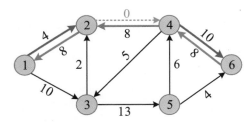

（9）重复第 2～8 步，找到第 2 条增广路径 1-3-5-6，该路径上所有边的最小权值为 4，增广量 d=4。增、减流后的实流网络和残余网络如下图所示。

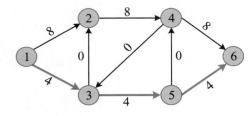
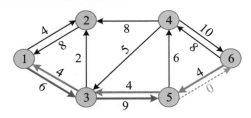

（10）重复第 2～8 步，找到第 3 条增广路径 1-3-5-4-6，该路径上所有边的最小权值为 6，增广量 d=6。增、减流后的实流网络和残余网络如下图所示。

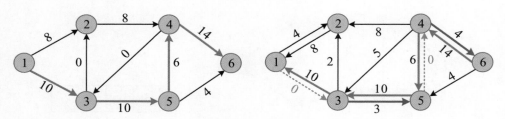

（11）重复第 2～8 步，不存在增广路径，算法结束，最大流为 18。

因为若分别存储残余网络和实流网络，则空间复杂度较高，所以在编写算法代码时引入了混合网络，将残余网络和实流网络融为一体。混合网络的特殊之处：它的正向边有 2 个变量 cap、flow，增流时 cap 不变，flow+=d；反向边的 cap=0，flow=−flow，增流时 cap 不变，flow−=d。

这样很容易看出哪些边是实流边（flow>0），哪些边是实流边的反向边（flow<0）。网络 G 中的边对应的混合网络中的边如下图所示。

网络 G 对应的混合网络如下图所示。本章中的所有算法代码均通过混合网络实现。

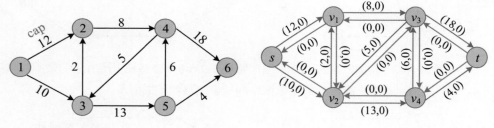

3．算法实现

（1）找增广路径。在混合网络中进行广度优先搜索，从源点 s（u=s）开始，搜索节点 u 的邻接点 v，若节点 v 未被访问，则标记其已被访问及其前驱为 u。若节点 v 不是汇点，则将其入队，继续进行广度优先搜索；若节点 v 是汇点，则找到一条增广路径。当队列为空时，说明已经不存在增广路径，算法结束。

```
struct Edge{//边结构体，用链式前向星存储混合网络
    int v,next;
    int cap,flow;
}E[M<<1];//双边
```

```
bool bfs(int s,int t){//广度优先搜索，找增广路径
    memset(pre,-1,sizeof(pre));
    memset(vis,0,sizeof(vis));
    queue<int>q;
    vis[s]=1;
    q.push(s);
    while(!q.empty()){
        int u=q.front();
        q.pop();
        for(int i=head[u];~i;i=E[i].next){
            int v=E[i].v;
            if(!vis[v]&&E[i].cap>E[i].flow){
                vis[v]=1;
                pre[v]=i;//边的下标
                q.push(v);
                if(v==t)  return 1;//找到一条增广路径
            }
        }
    }
    return 0;
}
```

（2）沿着增广路径增流。首先根据前驱数组从汇点向前一直到源点，找增广路径上所有边的最小权值，即增广量 d；然后从汇点向前一直到源点，沿着增广路径的同向边增流 d，并沿着其反向边减流 d。

```
int EK(int s,int t){//EK 算法，求解网络最大流
    int maxflow=0;
    while(bfs(s,t)){//找到一条增广路径
        int v=t,d=inf;
        while(v!=s){//找可增量
            int i=pre[v];
            d=min(d,E[i].cap-E[i].flow);
            v=E[i^1].v;
        }
        maxflow+=d;
        v=t;
        while(v!=s){//沿着增广路径增流
            int i=pre[v];
            E[i].flow+=d;
            E[i^1].flow-=d;
            v=E[i^1].v;
        }
    }
    return maxflow;
}
```

算法分析：根据算法描述可以看出，找到一条增广路径的时间复杂度为 $O(E)$，最多执行 $O(VE)$ 次，因为关键边（每次增流后消失的边）的总数为 $O(VE)$，所以总时间复杂度为 $O(VE^2)$，其中 V 为节点数，E 为边数。因为用到了一些辅助数组，所以空间复杂度为 $O(V)$。

🖋 训练　排水系统

题目描述（HDU1532）：约翰修建了一些排水沟，通过排水沟可以将池塘中的水输送到附近的小溪里。约翰在每条排水沟的开头都安装了调节器，可以控制排水沟的进水量。约翰不仅知道每条排水沟每分钟可以输送多少升的水，还知道排水沟的具体布局。水从池塘中流出，相互汇入，形成一个潜在的复杂网络。请确定水从池塘被输送到小溪的最大流量。

输入：输入几个测试用例。每个测试用例的第 1 行都为 2 个整数 n（$0 \leqslant n \leqslant 200$）和 m（$2 \leqslant m \leqslant 200$），$n$ 表示排水沟的数量，m 表示排水沟的交叉点数量，交叉点 1 表示池塘，交叉点 m 表示河流。接下来的 n 行，每行都为 3 个整数 s_i、e_i 和 c_i，s_i 和 e_i（$1 \leqslant s_i, e_i \leqslant m$）表示排水沟的交叉点，水会从 s_i 流到 e_i，最大流量为 c_i（$0 \leqslant c_i \leqslant 10^7$）。

输出：对于每个测试用例，都单行输出水被从池塘输送到小溪的最大流量。

输入样例	输出样例
5 4	50
1 2 40	
1 4 20	
2 4 20	
2 3 30	
3 4 10	

题解：本题为网络最大流问题，可以直接用 EK 算法求解，源码下载方式见本书封底的"读者服务"。

6.2　Dinic 算法

Dinic 算法是一种计算网络最大流的多项式复杂度算法。EK 算法每次都通过广度优先搜索找到一条增广路径，增流后需要重新进行广度优先搜索以查找下一条增广路径，直到不存在增广路径时为止。Dinic 算法首先通过广度优先搜索分层，然后通过深度优先搜索沿着层次加 1 且 cap>flow 的方向找增广路径，回溯时增流。通过一次深度优先搜索可以实现多次增流，这正是 Dinic 算法的巧妙之处。

1. 算法步骤

（1）在混合网络中通过广度优先搜索分层。

（2）在层次图中进行深度优先搜索，沿着层次加 1 且 cap>flow 的方向找增广路径，回溯时增流。

（3）重复以上步骤，直到不存在增广路径时为止。

2. 完美图解

（1）从源点出发进行广度优先搜索，创建层次图，如下图所示。因为混合网络中的边太多，所以为了更清楚地展示，在图解中仍然用到残余网络。

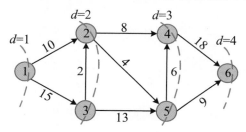

（2）在层次图中进行深度优先搜索，找到第 1 条增广路径 1-2-4-6。先从节点 6 回溯到节点 4，再从节点 4 回溯到节点 2，回溯时增流 8（同向边减 8，反向边加 8）。

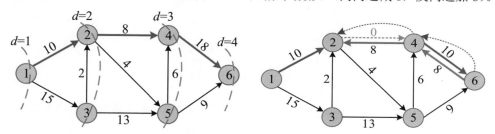

节点 2 还有一个邻接点 5，从节点 2 出发继续进行深度优先搜索，又找到增广路径 2-5-6，回溯时增流 2。因为路径 1-2 的可增量为 10，路径 2-4 已经增流 8，所以从节点 2 出发还可以增流 2。

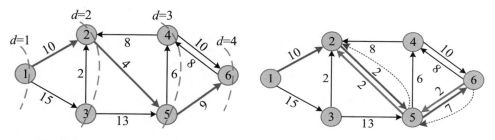

回溯到节点 1，回溯时增流 10（从 1 到 2 的边减 10，从 2 到 1 的边加 10）。

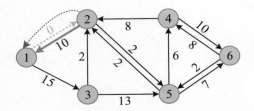

节点 1 还有一个邻接点 3，从节点 1 出发继续进行深度优先搜索，找到增广路径 1-3-5-6，回溯时增流 7。

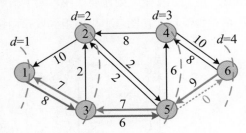

（3）再次从源点出发进行广度优先搜索，创建层次图。

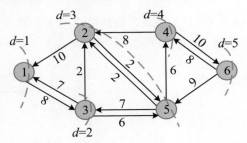

（4）在层次图中进行深度优先搜索，找到路径 1-3-2，此时从节点 2 出发无法沿着层次加 1 且 cap>flow 的方向前进，增流 0，修改 d[2]=0。回溯到节点 3。

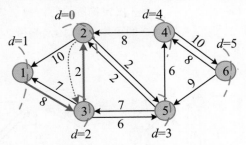

节点 3 还有一个邻接点 5，从节点 3 出发继续进行深度优先搜索，找到增广路径 1-3-5-4-6，回溯时增流 6。

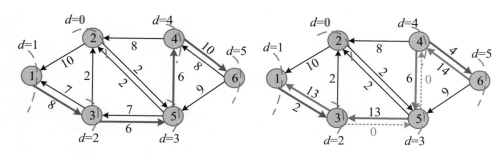

（5）再次从源点出发进行广度优先搜索，创建层次图，无法到达汇点，结束，最大流为23。

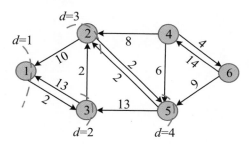

算法分析：Dinic 算法在执行过程中每次都要重新分层，从源点到汇点的层次是严格递增的，包含 V 个节点的层次图最多有 V 层，所以最多重新分层 V 次。在同一个层次图中，因为每条增广路径都有一个瓶颈（每次增流至少消失一条边，这条边被称为"关键边"），而两条增广路径的瓶颈不可能相同，所以增广路径最多有 E 条。在搜索每条增广路径时，最多前进和回溯 V 次，二者的时间复杂度为 $O(VE)$。Dinic 算法的时间复杂度为 $O(V^2E)$。

3. 算法实现

```
bool bfs(int s,int t){//分层
    memset(d,0,sizeof(d));
    queue<int>q;
    d[s]=1;
    q.push(s);
    while(!q.empty()){
        int u=q.front();
        q.pop();
        for(int i=head[u];~i;i=E[i].next){
            int v=E[i].v;
            if(!d[v]&&E[i].cap>E[i].flow){
                d[v]=d[u]+1;
                q.push(v);
                if(v==t)  return 1;
            }
```

```
            }
        }
    return 0;
}

int dfs(int u,int flow,int t){//在分层的基础上进行深度优先搜索
    if(u==t) return flow;
    int rest=flow;
    for(int i=head[u];~i&&rest;i=E[i].next){
            int v=E[i].v;
            if(d[v]==d[u]+1&&E[i].cap>E[i].flow){
                    int k=dfs(v,min(rest,E[i].cap-E[i].flow),t);
                    if(!k) d[v]=0;
                    E[i].flow+=k;
                    E[i^1].flow-=k;
                    rest-=k;
            }
    }
    return flow-rest;
}

int Dinic(int s,int t){
    int maxflow=0;
    while(bfs(s,t)){
            maxflow+=dfs(s,inf,t);
    }
    return maxflow;
}
```

4. 当前弧优化

当前弧优化指用 cur[u] 记录节点 u 当前正在考查的弧（有向边），在下次增流时无须访问已经满流的边，从而避免重复访问，提高效率。如下图所示，在对路径 $x{\to}u$ 进行增广时，节点 u 的前两条边 a、b 已经满流，最后一次增流时考查的弧为 cur[u]（未满流）。因此，当我们从路径 $x{\to}y{\to}u$ 进行搜索时，就可以直接从 cur[u] 进行访问，无须再访问边 a、b。

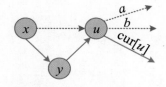

在使用当前弧优化的 Dinic 算法时，分层部分无任何变化，只需注意以下 3 处改动。

（1）在增流之前初始化 cur[]数组。

（2）在更新 i 时，需要将 cur[]数组和 i 一起更新。最简单的办法是在 i 前面加引用符号"&"，这样 i 和 cur[]数组便指向同一内存空间了，更新时必然同步。

（3）在可增量 reset 为 0 时立即跳出循环，以免当 reset 为 0 时仍更新 i 和 cur[]数组。因为当可增量 reset 为 0 时，只能说明这条增广路径没有可增量，而当前弧可能仍未满流，其他增广路径仍可通过当前弧增流。

```
int dfs(int u,int flow,int t){ //在分层的基础上进行深度优先搜索
    if(u==t) return flow;
    int rest=flow; //可增量（残量或余量）
    for(int &i=cur[u];~i;i=E[i].next){
    //在 i 前面加引用符号"&"，将 cur[]数组和 i 一起更新
        int v=E[i].v;
        if(d[v]==d[u]+1&&E[i].cap>E[i].flow){
            int k=dfs(v,min(rest,E[i].cap-E[i].flow),t);
            if(!k) d[v]=0;         //截断优化
            E[i].flow+=k;
            E[i^1].flow-=k;
            rest-=k;
            if(!rest) break; //此处很重要,可避免当 reset 为 0 时仍然更新 i 和 cur[]数组
        }
    }
    return flow-rest;
}

int Dinic(int s,int t){
    int maxflow=0;
    while(bfs(s,t)){
        for(int i=0;i<=n;i++)  //初始化当前弧
            cur[i]=head[i];
        maxflow+=dfs(s,inf,t);
    }
    return maxflow;
}
```

用当前弧优化 Dinic 算法后，虽然该算法的时间复杂度仍为 $O(V^2E)$，但应用效率更高。

训练 电力网络

题目描述（POJ1459）：电力网络由通过电力传输线连接的节点（发电站、用户和中转站）组成。对于节点 u，其他节点为其提供的功率为 $s(u)$（$s(u) \geq 0$），生产功率为 $p(u)$（$0 \leq p(u) \leq p_{max}(u)$），消耗功率为 $c(u)$（$0 \leq c(u) \leq \min(s(u), c_{max}(u))$），传递功率

为 $d(u)$（$d(u)=s(u)+p(u)-c(u)$）。对于任何发电站，$c(u)=0$。对于任何用户，$p(u)=0$。对于任何中转站，$p(u)=c(u)=0$。从节点 u 到节点 v 的输电线最多只有一条，从节点 u 到节点 v 的传输功率为 $l(u,v)$（$0 \leqslant l(u,v) \leqslant l_{max}(u,v)$）。设 Con 为网络中的消耗功率，Con=$\sum c(u)$，请计算 Con 的最大值。

节点u	类型	$s(u)$	$p(u)$	$c(u)$	$d(u)$
0	发电站	0	4	0	4
1		2	2	0	4
3	用户	4	0	2	2
4		5	0	1	4
5		3	0	3	0
2	中转站	6	0	0	6
6		0	0	0	0

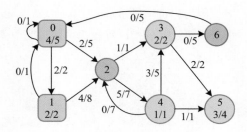

上图中发电站 u 的标签 x/y 表示 $p(u)=x$ 和 $p_{max}(u)=y$，用户 u 的标签 x/y 表示 $c(u)=x$ 和 $c_{max}(u)=y$，输电线 (u,v) 的标签 x/y 表示 $l(u,v)=x$ 和 $l_{max}(u,v)=y$，因此 Con=6。

> **！注意** 网络可能还有其他状态，但 Con 的值不能超过 6。

输入：输入多个数据集。每个数据集都以 4 个整数 n、np、nc、m 开头，分别表示节点、发电站、用户、输电线，其中，$0 \leqslant n \leqslant 100$，$0 \leqslant np \leqslant n$，$0 \leqslant nc \leqslant n$，$0 \leqslant m \leqslant n^2$。接着是 m 个三元组$(u,v)z$，其中，u 和 v 是节点编号（从 0 开始），z 是 $l_{max}(u,v)$ 的值，$0 \leqslant z \leqslant 10^3$。再接着是 np 个二元组$(u)z$，其中，$u$ 是发电站编号，z 是 $p_{max}(u)$ 的值，$0 \leqslant z \leqslant 10^4$。数据集以 nc 个二元组$(u)z$ 结尾，其中，u 是用户编号，z 是 $c_{max}(u)$ 的值，$0 \leqslant z \leqslant 10^4$。输入的所有数字都是整数。除了 $(u,v)z$ 和 $(u)z$ 不包含空格，在输入时都可以自由输入空格。

输出：对于每个数据集，都单行输出在网络中消耗的最大功率。

输入样例	输出样例
2 1 1 2 (0,1)20 (1,0)10 (0)15 (1)20	15
7 2 3 13 (0,0)1 (0,1)2 (0,2)5 (1,0)1 (1,2)8 (2,3)1 (2,4)7	6
(3,5)2 (3,6)5 (4,2)7 (4,3)5 (4,5)1 (6,0)5	
(0)5 (1)2 (3)2 (4)1 (5)4	

题解：本题包括 n 个节点，其中有 np 个发电站提供电力，有 nc 个用户消费电力，剩余的 $n-np-nc$ 个中转站既不提供电力也不消费电力，节点之间有 m 条输电线，每条线路都有传输量限制，求解在网络中消耗的最大功率。发电站提供电力，可以将其作为源点；用户消耗电力，可以将其作为汇点。由于本题有多个发电站和用户，属于多源多汇问题，所以增加一个超级源点和一个超级汇点，这样就可以将本题转化为网络最大流问题。

根据输入样例 2 创建网络，过程如下。

（1）创建网络，将发电站、用户和中转站作为节点，增加超级源点 8、超级汇点 9。

（2）输入数据包含 13 条线路：(0,0)1、(0,1)2、(0,2)5、(1,0)1、(1,2)8、(2,3)1、(2,4)7、(3,5)2、(3,6)5、(4,2)7、(4,3)5、(4,5)1、(6,0)5。从每条输电线的起点到其终点都连一条边，容量为该输电线的最大传输量。

（3）输入数据包含 2 个发电站：(0)5、(1)2，从超级源点到每个发电站都连一条边，容量为该发电站的最大发电量。

（4）输入数据包含 3 个用户：(3)2、(4)1、(5)4，从每个用户到超级汇点都连一条边，容量为对应的用户的最大耗电量。

创建的网络如下图所示，用 Dinic 算法求解网络最大流即可，源码下载方式见本书封底的"读者服务"。

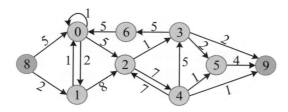

6.3 ISAP 算法

在最短增广路算法中广度优先搜索不带权值的最短增广路径，从源点到汇点，像声音传播一样，总是找最短路径，如下图所示。

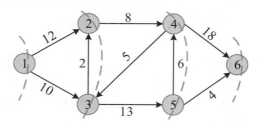

第 1 次找到的最短增广路径是 1-2-4-6，但在进行广度优先搜索时也搜索到了节点 3、5，多搜索了一些节点。如何一直沿着最短路径的方向快速到达汇点呢？

这里有一条妙计，即贴标签：首先对所有节点都标记其到汇点的最短距离，称之为"高度"。从汇点开始进行广度优先搜索，汇点的高度为 0，邻接点的高度为 1，继续访问的节点的高度为 2……一直到源点，结束，如下图所示。

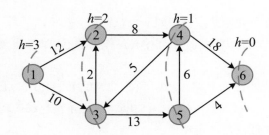

贴好标签之后，从源点开始，沿着高度减 1 且 cap>flow 的方向前进。例如，h[1]=3，h[2]=2，h[4]=1，h[6]=0，是不是很快就找到汇点了？之后沿着增广路径 1-2-4-6 增流。在当前节点无法前进时重贴标签。这种算法被称为"标签算法"或"ISAP 算法"。

1. 算法步骤

（1）标记高度。从汇点开始对节点贴标签。

（2）找增广路径。若源点的高度≥节点数，则转向第 5 步；否则沿着高度减 1 且 cap>flow 的方向前进，若到达汇点，则转向第 3 步；若无法前进，则转向第 4 步。

（3）增流操作。在混合网络中沿着增广路径的同向边增流，并沿着其反向边减流。

（4）重贴标签。在当前节点无法前进时，若拥有当前高度的节点只有一个，则转向第 5 步；否则令当前节点的高度=所有可行邻接点高度的最小值+1，若没有可行的邻接边，则令当前节点的高度等于节点数，回退到当前节点的前驱节点，转向第 2 步。

（5）算法结束，已经找到最大流。

特别注意：ISAP 算法有一个很重要的优化，即可以提前结束程序，提速非常明显（高达 100 倍以上）。若当前节点 u 无法前进，则说明节点 u、t 之间的连通性消失，但若节点 u 是最后一个与节点 t 距离 $d[u]$ 的点，则说明此时节点 s、t 也不连通了。这是因为虽然节点 u、t 已经不连通了，但走的是最短路径，此时其他节点与节点 t 之间的距离一定大于 $d[u]$，其他节点要到节点 t，必然要经过一个与节点 t 距离 $d[u]$ 的节点。也就是说，在重贴标签之前，若判断当前高度为 $d[u]$ 的节点只有 1 个，则立即结束。例如，节点 u 的高度是 $d[u]=3$，无法前进，说明节点 u 当前无法到达节点 t，因为走的是最短路径，所以若从其他节点到节点 t 有路径，则这些节点与节点 t 之间的距离一定大于 3，在这条路径上一定经过一个距离为 3 的节点。也就是说，若不存在其他距离为 3 的节点，则必然没有路径，算法结束。

2. 完美图解

（1）标记高度。从汇点开始进行广度优先搜索，第 1 次搜索到的节点的高度为 1，下一次搜索到的节点的高度为 2……用 h[] 数组记录每个节点的高度，用 g[x] 记录高度为 x 的节点数，例如，g[1]=2 表示高度为 1 的节点有 2 个。标记高度后的混合网络如下图所示。

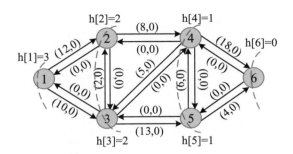

（2）找增广路径。从源点开始，沿着高度减1且cap>flow的方向前进，找到一条增广路径 1-2-4-6，可增量 d=8。

（3）增流操作。沿着增广路径的同向边增流，flow=flow+d，并沿着其反向边减流，flow=flow−d。

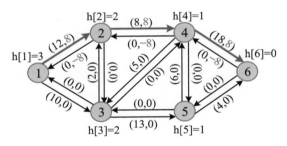

（4）找增广路径。从源点开始，沿着高度减1且cap>flow的方向前进，到达节点2时无法前进，重贴标签。令节点2的高度=所有可行的邻接点的高度最小值+1，h[2]=h[1]+1=4，回退到节点2的前驱节点1，继续搜索，又找到一条增广路径 1-3-5-6，可增量 d=4。

（5）增流操作。沿着增广路径的同向边增流，flow=flow+d，并沿着其反向边减流，flow=flow−d。

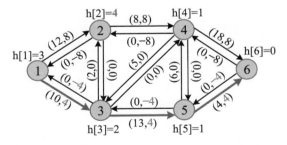

（6）找增广路径。从源点开始，沿着高度减1且cap>flow的方向搜索，h[1]=3，h[3]=2，h[5]=1，走到节点5时无法前进，重贴标签。令h[5]=h[4]+1=2，回退到节点5的前驱节点3，重新搜索；h[3]=2，仍然无法前进，重贴标签。令 h[3]=h[5]+1=3；

回退到节点 3 的前驱节点 1，h[1]=3，仍然无法前进，重贴标签。令 h[1]=h[3]+1=4，节点 1 是源点，无须回退。继续搜索，又找到一条增广路径 1-3-5-4-6，可增量 d=6。

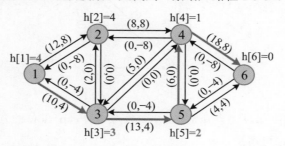

（7）增流操作。沿着增广路径的同向边增流，flow=flow+d，并沿着其反向边减流，flow=flow−d。

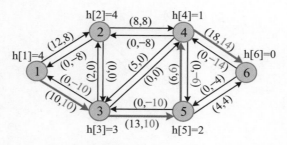

（8）找增广路径。从源点开始，沿着高度减 1 且 cap>flow 的方向前进，h[1]=4，虽然 h[3]=3，但已经没有可增加的流量了，不可行，重贴标签。令 h[1]=h[2]+1=5，节点 1 是源点，无须回退。继续搜索，h[1]=5，h[2]=4，到达节点 2 时无法前进，发现高度为 4 的节点只有 1 个，说明已经无法到达汇点，算法结束。

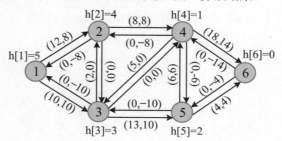

3. 算法实现

```
void set_h(int t,int n){//标记高度
    queue<int> q;
    memset(h,-1,sizeof(h));
    memset(g,0,sizeof(g));
    h[t]=0;
    q.push(t);
```

```
    while(!q.empty()){
        int u=q.front();q.pop();
        ++g[h[u]];//高度为h[u]的节点数
        for(int i=head[u];~i;i=E[i].next){
            int v=E[i].v;
            if(h[v]==-1){
                h[v]=h[u]+1;
                q.push(v);
            }
        }
    }
}

int ISAP(int s,int t,int n){
    set_h(t,n);
    int ans=0,u=s,d;
    while(h[s]<n){
        int i=head[u];
        if(u==s) d=inf;
        for(;~i;i=E[i].next){
            int v=E[i].v;
            if(E[i].cap>E[i].flow&&h[u]==h[v]+1){
                u=v;
                pre[v]=i;
                d=min(d,E[i].cap-E[i].flow);
                if(u==t){
                    while(u!=s){
                        int j=pre[u];
                        E[j].flow+=d;
                        E[j^1].flow-=d;
                        u=E[j^1].v;
                    }
                    ans+=d;
                    d=inf;
                }
                break;
            }
        }
        if(i==-1){
            if(--g[h[u]]==0) break;
            int hmin=n-1;
            for(int j=head[u];~j;j=E[j].next)
                if(E[j].cap>E[j].flow)
                    hmin=min(hmin,h[E[j].v]);
            h[u]=hmin+1;
            ++g[h[u]];
```

```
            if(u!=s)
                u=E[pre[u]^1].v;
        }
    }
    return ans;
}
```

算法分析：通过本算法找到一条增广路径的时间复杂度为 $O(V)$，最多执行 $O(VE)$ 次，因为关键边的总数为 $O(VE)$，所以总时间复杂度为 $O(V^2E)$，其中 V 为节点数，E 为边数。本算法的空间复杂度为 $O(V)$。

🖊 训练 美味佳肴

题目描述（POJ3281）：每头牛对某些食物和饮料都有偏好。约翰烹制了 f（$1 \leq f \leq 100$）种食物和 d（$1 \leq d \leq 100$）种饮料。他的 n（$1 \leq n \leq 100$）头牛都自己决定是否愿意食用某种食物或饮料。约翰必须给每头牛都分配一种食物和一种饮料，以使同时获得符合自己意愿的食物和饮料的牛的数量最大化。每种食物或饮料都只能由一头牛食用（即一旦将某种食物或饮料分配给一头牛，其他牛就不可食用该食物或饮料了）。

输入：第 1 行为 3 个整数 n、f 和 d，分别表示牛的数量、食物的数量和饮料的数量。第 $2 \sim n+1$ 行，每行都以 2 个整数 f_i 和 d_i 开头，分别表示第 i 头牛喜欢的食物的数量和饮料的数量。接下来的 f_i 个整数表示第 i 头牛喜欢的食物，d_i 个整数表示第 i 头牛喜欢的饮料。

输出：单行输出 1 个整数，表示同时获得符合自己意愿的食物和饮料的牛的最大数量。

输入样例	输出样例
4 3 3	3
2 2 1 2 3 1	
2 2 2 3 1 2	
2 2 1 3 1 2	
2 1 1 3 3	

> ⚠ **注意** 输入样例最多同时满足 3 头牛的意愿，分配方法：牛 1：无食物和饮料；牛 2：食物 2、饮料 2；牛 3：食物 1、饮料 1；牛 4：食物 3、饮料 3。

题解：本题为求解多约束最大值的问题，可以用网络最大流解决。若按照源点-食物-牛-饮料-汇点创建网络，则可以满足每种食物或饮料只可被一头牛食用的约束，但是无法解决每头牛只可食用一种食物和一种饮料的问题。需要将表示每头牛的节点都拆成两个节点，两个节点之间的容量为 1。

创建网络，过程如下。

（1）增加源点和汇点，将源点 s 编号为 0，将汇点 t 编号为 $f+2\times n+d+1$。

（2）从源点到食物连一条边，容量为 1。

（3）从牛到牛的拆点连一条边，容量为 1。

（4）从饮料到汇点连一条边，容量为 1。

（5）n 头牛中的每头牛可以选择的食物和饮料数量为 x、y：

- 从牛喜欢的食物到牛的入点连一条边，容量为 1；
- 从牛的出点到牛喜欢的饮料连一条边，容量为 1。

根据输入样例创建的网络如下图所示，之后可以用 ISAP 算法求解网络最大流，源码下载方式见本书封底的"读者服务"。

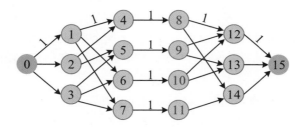

6.4 二分图匹配

二分图又被称为"二部图"，是图论中的一种特殊模型。设图 G（$G=(V,E)$）是一个无向图，若节点集 V 可被分割为两个互不相交的子集(V_1,V_2)，并且图中的每条边(i,j)所关联的两个节点 i 和 j 分别属于这两个不同的集合（$i\in V_1, j\in V_2$），则图 G 为一个二分图。

匹配：任意两条边都没有公共节点的边集。图中加粗的边是一个匹配：$\{(1,6),(2,5),(3,7)\}$。

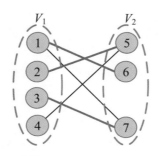

在一个图的所有匹配中，边数最多的匹配被称为该图的"最大匹配"。

独立集：任意节点都互不相连的节点集。

边覆盖：任意节点都至少是某条边的端点的边集。

点覆盖：任意边都至少有一个端点属于该节点集。

对于不存在孤立点的图，|最大匹配|+|最小边覆盖|=|V|，|最大独立集|+|最小点覆盖|=|V|。对于二分图，|最小点覆盖|=|最大匹配|。其中，|V|为图中的节点数。

6.4.1　最大匹配算法

一个精明的老板通过观察发现，一个男促销员和一个女促销员一起工作，业务量明显增加。然而并不是任何两个男、女促销员都可以默契合作，他们在有矛盾时更是无法一起工作。这个老板非常了解促销员的合作情况，设计了一种最佳促销员配对方案，使每天派出的促销员最多，以获得最大效益。最佳促销员配对方案要求两个男、女促销员一起工作，相当于男、女促销员被分为两个不相交的集合，可以一起工作的男、女促销员之间有连线，求解他们的最大配对数量。这属于二分图的最大匹配问题，可以将二分图转化成网络，求解网络最大流。

创建网络：添加源点和汇点，将源点与女促销员连线，将男促销员和汇点连线，若男、女促销员可以一起工作，则将其连线，所有边的容量均为 1。创建的网络如下图所示。

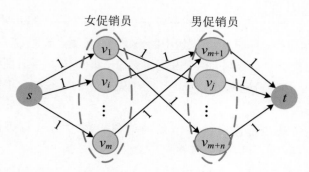

求解网络最大流，若用 EK 算法，则时间复杂度为 $O(VE^2)$；若用 Dinic 或 ISAP 算法，则时间复杂度为 $O(V^2E)$，其中，V 为节点数，E 为边数。其实，对于二分图的最大匹配问题，还可以用一种效率更高的算法——匈牙利算法解决。

6.4.2　匈牙利算法

若 P 是图 G 中一条连通两个未匹配节点的路径，其中未匹配的边和已匹配的边交替出现，则 P 是一条增广路径。例如，一条增广路径 4-1-5-2-6-3 如下图所示。

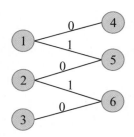

对于上图所示的增广路径，可以将第 1 条边修改为已匹配（将边标记为 1），将第 2 条边修改为未匹配（将边标记为 0），以此类推。也就是说，将所有边"反色"，修改后进行匹配仍然是合法的，但是匹配数加 1。原来的匹配数是 2，反色后的匹配数是 3，匹配数增加且仍满足匹配要求（在任意两条边之间都没有公共节点）。

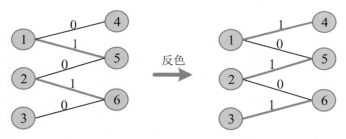

在匹配问题上，增广路径是一条"交错路径"，也就是说这条由边组成的路径，它的第 1 条边未匹配，第 2 条边已匹配，第 3 条边未匹配……最后一条边未匹配，并且始点和终点未匹配。另外，单独的一条连接两个未匹配节点的边显然也是交错路径。不停地找增广路径，并且反色，增加匹配数，在不存在增广路径时，即可得到一个最大匹配，这就是匈牙利算法。

1. 算法设计

（1）初始化所有节点都为未被访问，即 vis[i]=false，检查第 1 个集合中的每个节点 u。

（2）依次检查节点 u 的邻接点 v，若节点 v 未被访问，则标记其已被访问，若节点 v 未匹配，则令节点 u、v 匹配，match[v]=u，返回 true；若节点 v 已匹配，则从节点 v 的邻接点出发，查找是否有增广路径，若有，则沿着增广路径反色，然后令节点 u、v 匹配，match[v]=u，返回 true，若在节点 u 的邻接点 v 检查完毕后仍未找到匹配的节点，则返回 false。

（3）在不存在增广路径时，即可得到一个最大匹配。

2. 完美图解

下面仍以最佳促销员配对方案为例进行图解。

（1）根据输入数据创建网络。

> ⚠ **注意**　用双向箭头表示图中的边，因为它们实际上是两条边。

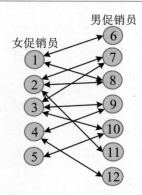

（2）初始化访问数组 vis[*i*]=false。检查节点 1 的第 1 个邻接点 6，节点 6 未被访问，标记 vis[6]=true。节点 6 未匹配，令节点 1 和节点 6 匹配，即 match[6]=1，返回 true。

（3）初始化访问数组 vis[*i*]=false。检查节点 2 的第 1 个邻接点 7，节点 7 未被访问，标记 vis[7]=true。节点 7 未匹配，令节点 2 和节点 7 匹配，即 match[7]=2，返回 true。

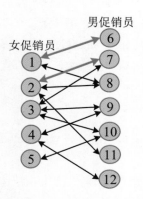

（4）初始化访问数组 vis[*i*]=false。检查节点 3 的第 1 个邻接点 7，节点 7 未被访问，标记 vis[7]=true。节点 7 已匹配，match[7]=2，即节点 7 的匹配点为节点 2，从节点 2 出发找增广路径，实际上是为节点 2 另外找一个匹配点，若找到了，就把原来的匹配点 7 让给节点 3。若没有为节点 2 找到匹配点，则通知节点 3 继续找。

从节点 2 出发，检查节点 2 的第 1 个邻接点 7，节点 7 已被访问，检查第 2 个邻接点 8，节点 8 未被访问，标记 vis[8]=true。节点 8 未匹配，令 match[8]=2，返回 true，如下面左图所示。为节点 2 找到一个匹配点 8，把原来的匹配点 7 让给节点 3，令

match[7]=3，如下面右图所示。

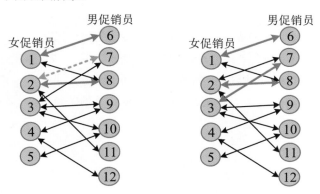

这条增广路径太简单，只是从节点 2 到节点 8，若节点 8 已匹配，则继续找下去。若没找到增广路径，则返回 false，接着检查节点 3 的下一个邻接点。

（5）初始化访问数组 vis[*i*]=false。检查节点 4 的第 1 个邻接点 9，节点 9 未被访问，标记 vis[9]=true。节点 9 未匹配，令 match[9]=4，返回 true。

（6）初始化访问数组 vis[*i*]=false。检查 5 的第 1 个邻接点 10，节点 10 未被访问，标记 vis[10]=true，节点 10 未匹配，令 match[10]=5，返回 true。

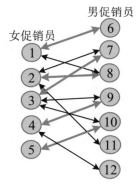

本题中的增广路径非常简单，但在实际案例中可能较长，如下图所示。

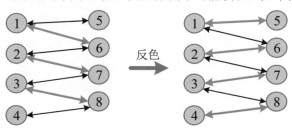

反色过程：在为上图中左侧的节点 4 找匹配点时，先检查节点 4 的邻接点 8，发现节点 8 已匹配，match[8]=3，从节点 3 出发，检查节点 3 的邻接点 7，发现节点 7 已匹配，match[7]=2，检查节点 2 的邻接点 6，发现节点 6 已匹配，match[6]=1，检查节点 1 的邻接点 5，发现其未匹配，找到一条增广路径 3-7-2-6-1-5，立即反色！令 match[5]=1。一旦为节点 1 找到了匹配点，就把原来的匹配点 6 让给节点 2，match[6]=2；一旦为节点 2 找到了匹配点，就把原来的匹配点 7 让给节点 3，match[7]=3；一旦为节点 3 找到了匹配点，就把原来的匹配点 8 让给节点 4，match[8]=4。

3. 算法实现

```
bool maxmatch(int u){//最大匹配算法
    for(int i=head[u];~i;i=E[i].next){
        int v=E[i].v;
        if(!vis[v]){
            vis[v]=1;
            if(!match[v]||maxmatch(match[v])){
                match[v]=u;
                return true;
            }
        }
    }
    return false;
}
```

🖉 训练 1　完美的牛棚

题目描述（POJ1274）：约翰刚刚建成了新牛棚，所有牛棚都不一样。第 1 周，约翰把奶牛随机分配到牛棚，但很快就发现奶牛只愿意在喜欢的牛棚产奶。他收集了哪些奶牛愿意在哪个牛棚产奶的数据。一个牛棚只能被分配给一头奶牛，一头奶牛只能被分配给一个牛棚。请考虑奶牛的偏好，计算出将奶牛分配到它愿意在其中产奶的牛棚的最大匹配数量。

输入：输入几个测试用例。每个测试用例的第 1 行都为 2 个整数 n 和 m（$0 \leq n,m \leq 200$），分别表示奶牛数量和牛棚数量。下面 n 行中的每一行都对应一头奶牛。每行中的第 1 个整数 s_i（$0 \leq s_i \leq m$）都是奶牛愿意在其中产奶的牛棚数量，后面的 s_i 个整数是奶牛愿意在其中产奶的牛棚编号。牛棚编号为 $1 \sim m$。

输出：对于每个测试用例，都单行输出将奶牛分配到它愿意在其中产奶的牛棚的最大匹配数量。

输入样例	输出样例
5 5	4
2 2 5	
3 2 3 4	
2 1 5	
3 1 2 5	
1 2	

题解：本题属于二分图的最大匹配问题，既可以通过增加源点和汇点创建网络来求解最大流，也可以将每头奶牛与它愿意在其中产奶的牛棚都连一条容量为 1 的边，用匈牙利算法求解最大匹配，源码下载方式见本书封底的"读者服务"。请尝试用两种算法求解并比较算法的优劣。

训练 2　逃脱

题目描述（HDU3605）：有 n 个人和 m 个星球，人和星球的编号均从 0 开始。每个人都只可以在一些特定的星球上生活，每个星球容纳的人数都有限。请确定是否所有人都可以在特定的星球上生活。

输入：输入多个测试用例。每个测试用例的第 1 行都为 2 个整数 n 和 m（$1\leqslant n\leqslant 10^5$，$1\leqslant m\leqslant 10$）。接下来的 n 行，每行都表示适合一个人生活的条件，每行都有 m 个数字，第 i 个数字是 1 或 0，1 表示这个人适合在第 i 个星球上生活，0 表示这个人不适合在第 i 个星球上生活。最后一行有 m 个数字，第 i 个数字 a_i（$0\leqslant a_i\leqslant 10^5$）表示第 i 个星球最多可以容纳 a_i 个人。

输出：确定是否所有人都可以生活在这些星球上，若可以，则输出"YES"，否则输出"NO"。

输入样例	输出样例
1 1	YES
1	NO
1	
2 2	
1 0	
1 0	
1 1	

题解：本题为二分图的多重匹配问题，可以用匈牙利算法解决。

匈牙利算法：用一个数组存储在每个星球上生活的人数，若在一个星球上生活的人数小于该星球最多容纳的人数，则这些人可以生活在该星球上（匹配）；否则尝试修改之前的路径，查找是否有其他安排。

算法代码：

```
//match[i][j]=u; 表示在第 i 个星球上生活的人数为 j，u 生活在第 i 个星球上
int dfs(int u){//用匈牙利算法求解多重匹配
    for(int i=0;i<m;i++){
        if(g[u][i]&&!vis[i]){
            vis[i]=true;
            if(cnt[i]<cap[i]){//匹配次数小于容量
                match[i][cnt[i]++]=u;
                return 1;
            }
            for(int j=0;j<cnt[i];j++){
                if(dfs(match[i][j])){
                    match[i][j]=u;
                    return 1;
                }
            }
        }
    }
    return 0;
}
```

6.5 最大流最小割

最大流最小割定理：任何网络中最大流的流量都等于最小割的容量。割指对网络中节点的划分，它把网络中的所有节点都划分成 S 和 T 两个集合，源点 $s \in S$，汇点 $t \in T$，记为 CUT(S,T)，就像通过一条切割线把网络中的节点切割成 S 和 T 两部分，$S=\{s,v_1,v_2\}$，$T=\{v_3,v_4,t\}$，如下图所示。

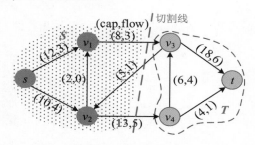

割的净流量 $f(S,T)$：指在切割线切中的边中，从 S 到 T 的边的流量减去从 T 到 S 的边的流量。上图中从 S 到 T 的边 v_1-v_3 和边 v_2-v_4 的流量分别为 3、5，从 T 到 S 的边 v_3-v_2 的流量为 1。割的净流量 $f(S,T)=3+5-1=7$。

割的容量 $c(S,T)$：指在切割线切中的边中，从 S 到 T 的边的容量之和。最小割指容量最小的割。上图中从 S 到 T 的边 v_1-v_3 和边 v_2-v_4 的流量分别为 8、13。割的容量

$c(S,T)=8+13=21$。

⚠ **注意** 在计算割的容量时不计算从 T 到 S 的边的容量。

引理 1：若 f 是网络 G 中的一个流，CUT(S,T) 是网络 G 中的任意一个割，则 f 的值等于割的净流量 $f(S,T)$。

$$f(S,T) = |f|$$

如下图所示，图(a)中割的净流量 $f(S,T)=3+4=7$，图(b)中割的净流量 $f(S,T)=4+1+6-4-0=7$。画出任意一个割，会发现所有割的净流量 $f(S,T)$ 都等于 f 的值。

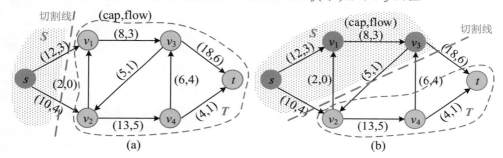

(a) (b)

推论 1：若 f 是网络 G 中的一个流，CUT(S,T) 是网络 G 中的任意一个割，则 f 的值不超过割的容量 $c(S,T)$。

$$|f| \leqslant c(S,T)$$

所有流的流量都小于或等于割的容量，把流的流量和割的容量用图表示出来，如下图所示。

最大流最小割定理：若 f 是网络 G 中的最大流，CUT(S,T) 是 G 中的最小割，则最大流 f 的值等于最小割的容量 $c(S,T)$。

$$|f_{max}| = c_{min}(S,T)$$

若在很多问题上都需要求解最小割，则只需求解最大流。

✎ 训练 1　最小边割集

题目描述（HDU3251）： 国王决定奖励给你一些城市，除了可以从首都到达的城市，你可以任意选择属于自己的城市！为了避免选到可以从首都到达的城市，必须毁坏一些道路，每条道路都是单向的。有些城市是留给国王的，即使无法从首都到达这些城市，也不可以选择。首都的编号为 1。你的最终收益等于你所选择的城市的总价值减去毁坏道路的成本。

输入： 第 1 行为测试用例的数量 T（$T \leqslant 20$）。每个测试用例的第 2 行都以 3 个整数 n、m、f（$1 \leqslant f < n \leqslant 1\,000$，$1 \leqslant m < 100\,000$）开头，分别表示城市数量、道路数量和可以选择的城市数量，城市编号为 $1 \sim n$，道路编号为 $1 \sim m$。接下来的 m 行，每行都为 3 个整数 u、v、w，表示从城市 u 到城市 v 的道路，成本为 w。在接下来的 f 行中，每行都为 2 个整数 u 和 w，表示可选城市 u 的价值为 w。

输出： 对于每个测试用例，第 1 行都输出测试用例的编号和最大收益，第 2 行都输出毁坏的道路数量 e，后面紧跟 e 个整数，表示已毁坏道路的编号，与它们的输入顺序相同。若有多种解决方案，则选择其中任意一种都可以。

输入样例	输出样例
2	Case 1: 3
4 4 2	1 4
1 2 2	Case 2: 4
1 3 3	2 1 3
3 2 4	
2 4 1	
2 3	
4 4	
4 4 2	
1 2 2	
1 3 3	
3 2 1	
2 4 1	
2 3	
4 4	

题解： 在本题中可以将城市看作节点，将道路看作边，每个节点、每条边都有权值。在选择一部分节点后必须毁坏一部分边，保证从节点 1（首都）不可以到达这些节点，毁坏的边就是将选择的节点和节点 1 断开的边割集。收益=选择的节点的权值之和−毁坏的边的权值之和，要求输出毁坏哪些边。

创建网络： 将节点 1 作为源点 s，增加汇点 $t=n+1$，将每条道路都连一条边（单向道路），从可选城市到汇点连一条边，容量为该城市的价值。可选城市的总价值减去最小割就是获得的最大收益。若可选城市没被选择，则最小割的切割线肯定切中该城市与汇点 t 之间的边，在将总价值减去最小割时会将该城市的价值去掉。若可选城市被选择，则最小割的切割线肯定没切中该城市所在节点与节点 t 之间的边，在将总价值减去最小割时会保留该城市的价值。

通过输入样例 1 创建的网络如下面左图所示，求解出最大流（最小割）为 4，可选城市 2 和 4 的总价值为 7，获得的最大收益为 7–4=3。因为城市 2 没被选择，所以在减去最小割时将城市 2 所在节点的权值 3 去掉了，只需毁坏一条边（2-4），选择城市 4 即可获得最大收益。通过输入样例 2 创建的网络如下面右图所示，需要毁坏两条边（1-2、3-2），选择城市 2 和 4，获得的最大收益为 7–3=4。

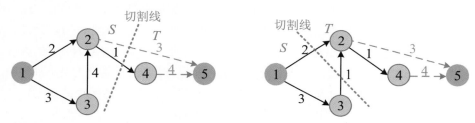

在求解最小割（最大流）后检查道路的边，若一条边的起点属于集合 S，终点属于集合 T，则这条边就是要毁坏的边。若用 Dinic 算法求解最大流，则可以直接根据最后一次分层进行判断，层次为真的节点属于集合 S，其他节点属于集合 T。若用 EK 或 ISAP 算法求解最大流，则需要从源点出发，沿着 cap>flow 的边进行深度优先搜索，标记已被访问的节点，源点和已被访问的节点属于集合 S，其余节点和汇点属于集合 T。本算法的源码下载方式见本书封底的"读者服务"。

✎ 训练 2　最小点割集

题目描述（HDU3491）：有 n（$2 \leqslant n \leqslant 100$）个城市，由 m（$m \leqslant 10\,000$）条双向道路连接各个城市。一群窃贼计划盗窃 H 市的博物馆。警察知道了这个计划，计划抓捕窃贼。窃贼目前在城市里，警察想在从 S 市到 H 市的道路上抓捕他们。警察已经知道了 I 市需要抓捕的窃贼人数（$1 \leqslant I \leqslant n$）。警察不想在 S 市或 H 市遇到窃贼，想通过抓捕最少的窃贼完成任务。

输入：第 1 行为测试用例的数量 T（$T \leqslant 10$）。每个测试用例的第 1 行都为 4 个整数：城市数量 n、道路数量 m、城市标签 S（$1 \leqslant S \leqslant n$）、城市标签 H（$1 \leqslant H \leqslant n$，$S \neq H$）。第 2 行为 n 个整数，表示每个城市需要抓捕的窃贼人数，这 n 个整数之和小于 10 000。接下来的 m 行，每行都为 2 个整数 x 和 y，表示在 x 市和 y 市之间有一条双向道路。

> ⚠ **注意**　在 S 市和 H 市之间没有道路。在每个测试用例后面都有一个空行。

输出：对于每个测试用例，都单行输出警察需要抓捕的最少窃贼人数。

输入样例	输出样例
1	11
5 5 1 5	
1 6 6 1 1 1	
1 2	
1 3	
2 4	
3 4	
4 5	

题解：本题中无向图的每个节点都有一个权值，删掉权值之和尽量小的节点，使得节点 S、H 不连通，属于无向带权图点连通度的问题。在网络流中，节点的权值需要被转化为边的权值，可以将每个节点都拆成 2 个节点 u 和 u'，容量为节点的权值。将原图中的无向边 (u,v) 拆成两条边 (u',v)、(v',u)，容量为无穷大，转化为最小割问题，根据最大流最小割定理，求解从节点 S' 到节点 H 的最大流即可（S' 为 S 的拆点）。

输入样例如下图所示，可以看出，删掉节点 4 即可使节点 1、5 不连通。

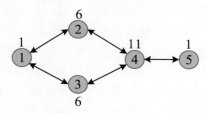

本题有节点的权值，需要拆点，将节点的权值转化为边的权值。将每个节点都拆成 2 个节点，容量为节点的权值，将原来图中的无向边 (u,v) 拆成两条边 (u',v)、(v',u)，拆点后创建的网络如下面左图所示。求解出从节点 6 到节点 5 的最大流为 11，如下面右图所示。本算法的源码下载方式见本书封底的"读者服务"。

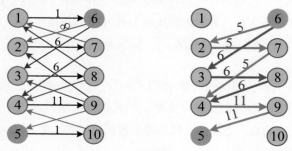

训练 3 最大收益

题目描述（P2762）：有可供选择的实验集合 $E=\{E_1,E_2,\cdots,E_m\}$，进行这些实验需要用到的仪器集合 $I=\{I_1,I_2,\cdots,I_n\}$。进行实验 E_j 需要用到的仪器是仪器集合的子集。配置仪器 I_k 的费用为 c_k 美元。实验 E_j 的赞助商为该实验支付 p_j 美元。需要确定进行哪些实验并配置哪些仪器才可以使净收益最大化。净收益指进行实验所获得的全部收入与配置仪器的全部费用的差额。

输入：第 1 行为 2 个正整数 m 和 n，分别表示实验数量和仪器数量。接下来的 m 行，每行都为一个实验的有关数据，第 1 个数表示赞助商同意为该实验支付的费用，接着为该实验需要用到的仪器的编号。最后一行为 n 个整数，表示配置每个仪器的费用。

输出：输出 3 行，第 1 行为实验编号，第 2 行为仪器编号，第 3 行为净收益。

输入样例	输出样例
2 3	1 2
10 1 2	1 2 3
25 2 3	17
5 6 7	

题解：实验和仪器是两个集合，每个实验都需要若干仪器，是很明显的二分图。分析能否用网络最大流解决。

创建网络：添加源点 s 和汇点 t。从源点 s 到每个实验 E_i 都连一条边，容量为 p_i。从每个仪器 I_j 到汇点 t 都连一条边，容量为 c_j。从每个实验到该实验用到的仪器都连一条边，容量为无穷大（∞），如下图所示。

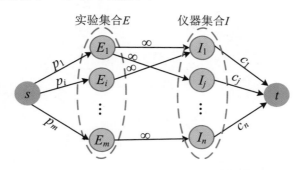

假设集合 S 包含选中的实验和仪器，剩下没选中的实验和仪器构成集合 T，如下图所示。

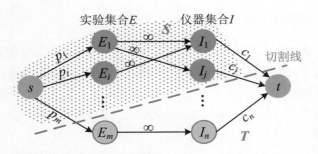

净收益=选中实验的收益-选中仪器的费用，即

$$净收益=\sum_{E_i\in S}p_i-\sum_{I_k\in S}c_k$$

选中实验的收益=所有实验的收益-未选中实验的收益，上式转化为

$$净收益=\sum_{E_i\in S}p_i-\sum_{I_k\in S}c_k$$

$$=(\sum_{i=1}^{m}p_i-\sum_{E_i\in T}p_i)-\sum_{I_k\in S}c_k$$

$$=\sum_{i=1}^{m}p_i-(\sum_{E_i\in T}p_i+\sum_{I_k\in S}c_k)$$

要想使净收益最大，则后两项之和要最小。而后两项正好是上图切割线切中的边的容量之和，其最小值就是最小割的容量。因为最大流等于最小割，所以净收益=所有实验的收益-最大流的值。最大收益方案就是最小割中的集合 S 去掉源点，如下图所示。本算法的源码下载方式见本书封底的"读者服务"。

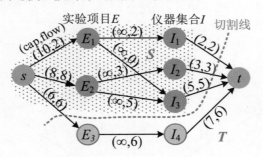

6.6 最小费用最大流

在实际应用中不仅涉及流量，还涉及费用。例如，在网络布线工程中有很多种电缆，电缆的粗、细不同，流量和费用也不同，若全部用较粗的电缆，则造价太高；若全部用较细的电缆，则流量不满足要求。这里希望创建一个网络，要求费用最小、流

量最大，即最小费用最大流。每条边除容量外，还有单位流量费用，如下图所示。

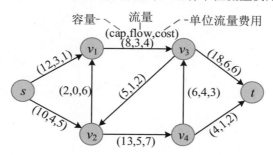

网络流的费用=每条边的流量×单位流量费用。

上图中的流量费用=3×1+4×5+3×4+0×6+1×2+5×7+4×3+6×6+1×2=122。

求解最小费用最大流有以下两种思路。

（1）找最小费用路径，沿着该路径增流，直到增加到最大流量，这被称为"最小费用路径算法"。

（2）首先找最大流量，然后找负费用圈（一个费用和为负的环，又被称为"负环"），消减费用，直到减少到最小费用，这被称为"消圈算法"。

最小费用路径算法是首先查找从源点到汇点的最小费用路径，即从源点到汇点的以单位费用为边的权值的最短路径，然后沿着最小费用路径增流，直到不存在最小费用路径时为止。最短增广路算法中的最短增广路径是去权值的最短路径，而最小费用路径是以单位费用为权值的最短路径。

1. 完美图解

一个网络及其边的容量和单位流量费用如下图所示，求解该网络的最小费用最大流。

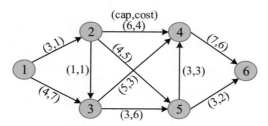

（1）找最小费用路径。从源点出发，沿着可行边（cap>flow）广度优先搜索每个邻接点 v，若 dist[v]>dist[u]+E[i].cost，则更新 dist[v]=dist[u]+E[i].cost 并记录前驱。搜索到汇点后，根据前驱数组找到一条最短费用路径 1-2-5-6。在混合网络中，正向边为 (cap,flow,cost)，反向边为(0, −flow, −cost)，如下图所示。

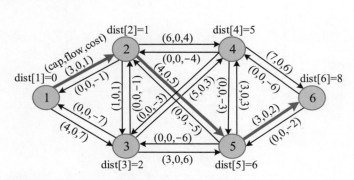

（2）沿着最小费用路径的正向边增流 d，并沿着其反向边减流 d。从汇点逆向求解可增量 $d=\min(d,E[i].cap-E[i].flow)=3$，产生的费用 mincost+=dist[6]×$d$=8×3=24。dist[6]为该路径上的单位流量费用之和。

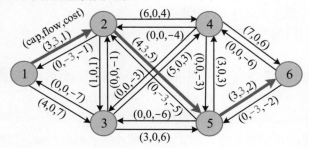

（3）找最小费用路径。从源点出发，沿着可行边（cap>flow）广度优先搜索每个邻接点 v，若当前距离 dist[v]>dist[u]+E[i].cost，则更新 dist[v]=dist[u]+E[i].cost 并记录前驱。搜索到汇点后，根据前驱数组找到一条最短费用路径 1-3-4-6，如下图所示。

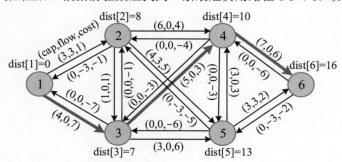

（4）沿着最小费用路径的正向边增流 d，并沿着其反向边减流 d。从汇点逆向求解可增量 $d=\min(d,E[i].cap-E[i].flow)=4$，产生的费用为 mincost=24+dist[6]×d=24+16×4=88。

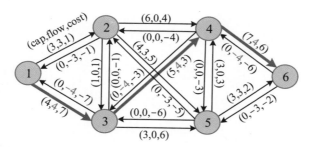

（5）找最小费用路径。从源点出发，沿着可行边（cap>flow）广度优先搜索每个邻接点，发现从源点出发已没有可行的边，算法结束。此时的网络流就是最小费用最大流。flow>0 的边就是实流边，实流网络如下图所示。

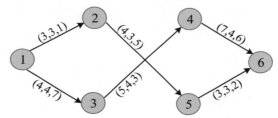

2. 算法实现

（1）求解最小费用路径。从源点出发，沿着可行边广度优先搜索每个邻接点，若当前距离 $dist[v]>dist[u]+E[i].cost$，则更新 $dist[v]=dist[u]+E[i].cost$ 并记录前驱。

```
bool SPFA(int s,int t,int n){//最小费用路径算法
    queue<int> q;//队列，用 STL 实现
    memset(vis,false,sizeof(vis));//初始化访问标记
    memset(pre,-1,sizeof(pre));//初始化前驱
    memset(dist,0x3f,sizeof(dist));
    vis[s]=true;//在节点入队时，需要标记该节点在队列中
    dist[s]=0;
    q.push(s);
    while(!q.empty()){
        int u=q.front();
        q.pop();
        //队头元素出队，消除标记
        vis[u]=false;
        for(int i=head[u];~i;i=E[i].next){//遍历节点 u 的邻接表
            int v=E[i].v;
            if(E[i].cap>E[i].flow&&dist[v]>dist[u]+E[i].cost){//松弛操作
                dist[v]=dist[u]+E[i].cost;
                pre[v]=i;//记录前驱
                if(!vis[v]){//节点 v 不在队列中
                    q.push(v);//入队
```

```
                    vis[v]=true;//标记
                }
            }
        }
    }
    return pre[t]!=-1;
}
```

（2）沿着最小费用路径增流。从汇点逆向到源点，查找可增量 d=min(d, E[i].cap–E[i].flow)。沿着最小费用路径的正向边增流 d，并沿着其反向边减流 d。产生的费用为 mincost+=dist[t]×d。

```
int MCMF(int s,int t,int n){ //minCostMaxFlow
    maxflow=mincost=0;//maxflow为当前最大流量，mincost为当前最小费用
    while(SPFA(s,t,n)){//表示找到了从 s 到 t 的最短路径
        int d=inf;
        for(int i=pre[t];~i;i=pre[E[i^1].v]){
            d=min(d,E[i].cap-E[i].flow); //找最小可增流量
        }
        maxflow+=d; //更新最大流
        for(int i=pre[t];~i;i=pre[E[i^1].v]){
        //修改残余网络，增加增广路径上相应弧的容量，并减少其反向边的容量
            E[i].flow+=d;
            E[i^1].flow-=d;
        }
        mincost+=dist[t]*d; //dist[t]为该路径上的单位流量费用之和
    }
    return mincost;
}
```

算法分析：通过本算法找到一条最小费用路径的时间复杂度为 $O(E)$，最多执行 $O(VE)$ 次，因为关键边的总数为 $O(VE)$，所以总时间复杂度为 $O(VE^2)$，其中 V 为节点数，E 为边数。因为用到了一些辅助数组，所以空间复杂度为 $O(V)$。

✏️ 训练 1　农场之旅

题目描述（POJ2135）：约翰的农场有 n（$1 \leqslant n \leqslant 1\,000$）块田地，编号为 $1 \sim n$。在第 1 块田地上有他的房子，在第 n 块田地上有一个大谷仓。由 m（$1 \leqslant m \leqslant 10\,000$）条道路连接田地，每条道路都连接两块不同的田地，且 0＜道路长度＜35 000。他从家出发，穿过一些田地，到达大谷仓，之后又回到家里。他希望自己的行程尽可能短，但不想经过任何一条道路超过一次。

输入：第 1 行为 2 个整数 n 和 m。第 2～m+1 行，每行都为一条道路的 3 个整数：起点的田地编号、终点的田地编号和道路长度。

输出：单行输出最短行程的长度。

输入样例	输出样例
4 5	6
1 2 1	
2 3 1	
3 4 1	
1 3 2	
2 4 2	

题解：可以将每块田地都看作一个节点，将每条道路都看作一条边。本题要求从节点 1 走到节点 n，再从节点 n 走回节点 1，其中不必经过每个节点，但是经过每条边最多一次，可以设置边的容量为 1。从节点 1 走到节点 n 再走回节点 1，每条边最多走一次，若将其看作从节点 1 出发到达节点 n 的两条不同路径（路径上的边不可以有重合），则从节点 1 出发到达节点 n 的总流量为 2。本题求解总路径的长度最小值，可以将路径的长度看作网络流费用，问题转化为求解最小费用最大流。

添加源点 s 和汇点 t，从源点 s 到节点 1 引一条边，容量为 2，费用为 0；从节点 n 到节点 t 引一条边，容量为 2，费用为 0。对道路(u,v)需要添加 $u{\to}v$ 和 $v{\leftarrow}u$ 两条边，容量为 1，费用为该道路的长度。问题转化为求解从源点 s 到节点 t 的最小费用最大流。根据输入样例创建的网络如下图所示。本算法的源码下载方式见本书封底的"读者服务"。

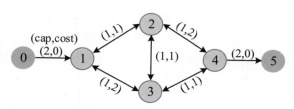

训练 2 航空路线

题目描述（P2770）：给定一张航空图，图中节点表示城市，边表示两个城市之间直通的航空路线。飞机首先从最西端的城市起飞，单向从西向东途经若干城市到达最东端的城市，然后单向从东向西飞回起点城市（可途经若干城市）。除起点城市外，任何城市都只可被途经一次。请找出一条满足条件且途经城市最多的航空路线。

输入：第 1 行为 2 个整数 n 和 v，分别表示航空图中的节点数和边数。第 2～$(n+1)$ 行，每行都为 1 个字符串；第 $i+1$ 行的字符串表示从西向东第 i 座城市的名称 s_i。第 $(n+2)$～$(n+v+1)$行，每行都为 2 个字符串 x、y，表示在城市 x 和城市 y 之间存在一条直通的航空路线。

输出：首先判断是否存在满足要求的航空路线，若不存在，则输出字符串"No Solution!"；若存在，则输出一种航空路线。输出格式：第 1 行为 1 个整数 m，表示途经最多的城市数；第 2～(m+1)行，每行都为 1 个字符串；第(i+1)行的字符串表示航空路线中第 i 个途经的城市名称（注意：第 1 个城市和最后一个城市必然是相同的）。

输入样例	输出样例
8 9	7
Vancouver	Vancouver
Yellowknife	Edmonton
Edmonton	Montreal
Calgary	Halifax
Winnipeg	Toronto
Toronto	Winnipeg
Montreal	Calgary
Halifax	Vancouver
Vancouver Edmonton	
Vancouver Calgary	
Calgary Winnipeg	
Winnipeg Toronto	
Toronto Halifax	
Montreal Halifax	
Edmonton Montreal	
Edmonton Yellowknife	
Edmonton Calgary	

题解：在网络流中只对边有约束，若对节点有约束，则需要拆点。本题除起点外，每个城市都只可被途经一次，需要将节点 i 拆为节点 i 和节点 i'，且从节点 i 到节点 i' 连一条边，边的容量为 1（只可被途经一次），单位流量费用为 0（自己到自己的费用）。若从节点 i 到节点 j 可以直达，则从节点 i' 到节点 j 连一条边，边的容量为 1（只可被途经一次），单位流量费用为–1，如下图所示。本题要求途经的城市最多，若将费用设为负值，则途经的城市越多，费用越小，转化为最小费用最大流问题。

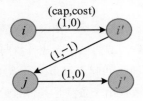

虽然找到的航空路线是一个简单的环形（如 1-2-5-7-8-6-4-3-1），但实际上只需找从起点城市到终点城市的两条不同航空路线（1-2-5-7-8 和 1-3-4-6-8）即可，如下图所示。

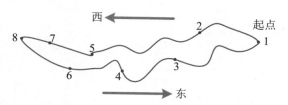

对起点城市和终点城市相当于访问了 2 次，在起点城市和终点城市拆点时将容量设为 2，将单位流量费用设为 0。由 n 个城市创建的网络如下图所示，问题转化为从源点 1 到汇点 n' 的最小费用最大流问题。

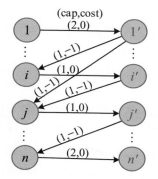

途经最多的城市数为最小费用加负号。输出最优航空路线：从源点城市出发，沿着 flow>0 且 cost≤0 的方向进行深度优先搜索（深度优先遍历），到达终点城市后，再沿着 flow<0 且 cost≥0 的方向进行深度优先搜索，最后回到源点。首先输出起点城市，然后按遍历顺序输出其他城市的名称，最后回到起点城市。若问题无解，则输出"No Solution!"。本算法的源码下载方式见本书封底的"读者服务"。

第 7 章

动态规划进阶

7.1　背包问题进阶

　　背包问题是动态规划的经典问题之一，指在一个有容积或重量限制的背包中放入物品，物品有体积或重量、价值等属性，要求在满足背包限制的情况下放入物品，使背包中物品的价值之和最大。根据物品限制条件的不同，背包问题可分为 01 背包问题、完全背包问题、多重背包问题、分组背包问题和混合背包问题等，下面重点讲解后 3 种背包问题。

7.1.1　多重背包问题

　　给定 n 种物品，每种物品都有重量 w_i 和价值 v_i，每种物品的数量都可以大于 1 但是有限制。第 i 种物品有 c_i 个，背包容量为 W。求解在不超过背包容量的情况下如何放入物品，可以使背包中物品的价值之和最大。既可以将多重背包问题通过暴力拆分或二进制拆分转化为 01 背包问题，也可以通过数组优化对物品的数量进行限制。

　　1. 暴力拆分

　　暴力拆分指将第 i 种物品（c_i 个）看作 c_i 种独立的物品，每种物品只有一个，转化为 01 背包问题。状态表示和状态转移方程与 01 背包问题中的相同，如下图所示。

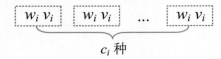

$$c_i \text{ 种}$$

算法代码：

```
void multi_knapsack1(int n,int W){//暴力拆分
    for(i=1;i<=n;i++)
        for(k=1;k<=c[i];k++)//多一层循环
```

```
        for(j=W;j>=w[i];j--)
                dp[j]=max(dp[j],dp[j-w[i]]+v[i]);
}
```

算法分析：本算法包含 3 层 for 循环，时间复杂度为 $O(W\sum c_i)$，空间复杂度为 $O(W)$。

2. 二进制拆分

当物品满足 $c_i \times w_i \geq W$ 时，可以认为这种物品是不限量的，按照完全背包的方法求解即可；否则可以用二进制拆分，将 c_i 种物品拆分为多种新物品。

一定存在一个最大的整数 p，使得 $2^0+2^1+2^2+\cdots+2^p \leq c_i$，将剩余的部分用 R_i 表示，$R_i=c_i-(2^0+2^1+2^2+\cdots+2^p)$。可以将 c_i 拆分为 $p+2$ 个数：$2^0,2^1,2^2,\cdots,2^p,R_i$，例如，若 $c_i=9$，则可以将 9 拆分为 $2^0,2^1,2^2,9-(2^0+2^1+2^2)$，即 1,2,4,2，相当于将 9 个物品分成 4 堆，第 1 堆有 1 个物品，第 2 堆有 2 个物品，第 3 堆有 4 个物品，第 4 堆有 2 个物品。可以将每堆物品都看作一种新物品。

将 c_i 个物品拆分为 $p+2$ 种新物品，每种新物品对应的重量和价值都如下图所示。进行二进制拆分后，每种新物品都只有一个，转化为 01 背包问题。

将 c_i 个物品拆分为 $p+2$ 种新物品

算法代码：

```
void multi_knapsack2(int n,int W){//二进制拆分
    for(i=1;i<=n;i++){
        if(c[i]*w[i]>=W){//转化为完全背包问题
            for(j=w[i];j<=W;j++)
                dp[j]=max(dp[j],dp[j-w[i]]+v[i]);
        }
        else{
            for(int k=1;c[i]>0;k<<=1){//二进制拆分
                int x=min(k,c[i]);
                for(int j=W;j>=w[i]*x;j--)//转化为01背包问题
                    dp[j]=max(dp[j],dp[j-w[i]*x]+x*v[i]);
                c[i]-=x;
            }
        }
    }
}
```

算法分析：本算法包含 3 层 for 循环，将 c_i 个物品拆分为 $p+2$ 种新物品的时间复杂度为 $O(\log c_i)$，总时间复杂度为 $O(W\sum \log c_i)$，空间复杂度为 $O(W)$。

3. 数组优化

若不要求最优性，仅关注可行性（比如钱币能否拼出特定的金额，POJ1276），则可以用数组优化。

算法代码：

```
bool dp[maxc];//dp[j]表示能否拼出金额j
int num[maxc];//num[j]表示在金额为j时用了多少个第i种钱币
void multi_knapsack3(int n,int W){//数组优化
    ans=0,dp[0]=1;
    for(int i=1;i<=n;i++){
        memset(num,0,sizeof(num));//统计数量
        for(int j=v[i];j<=W;j++){
            if(!dp[j]&&dp[j-v[i]]&&num[j-v[i]]<c[i]){
                dp[j]=1;
                num[j]=num[j-v[i]]+1;
                ans=max(ans,j);
            }
        }
    }
}
```

算法分析：本算法包含 2 层 for 循环，时间复杂度为 $O(nW)$，空间复杂度为 $O(W)$。

🖊 训练　硬币

题目描述（HDU2844）：小明想买一只非常漂亮的手表，他知道手表的价格不会超过 m，但不知道其确切价格。已知钱币的面值 $a_1,a_2,a_3,\cdots,a_n$ 和该面值的数量 $c_1,c_2,c_3,\cdots,c_n$，计算可以用这些钱币拼出多少种价格（1～m）。

输入：输入几个测试用例。每个测试用例的第 1 行都为 2 个整数 n 和 m（$1\leqslant n\leqslant 100$，$0<m\leqslant100\,000$）。第 2 行为 $2n$ 个整数 $a_1,a_2,a_3,\cdots,a_n$、$c_1,c_2,c_3,\cdots,c_n$（$1\leqslant a_i\leqslant100\,000$，$1\leqslant c_i\leqslant1\,000$）。以输入 2 个 0 表示输入结束。

输出：对于每个测试用例，都单行输出答案。

输入样例	输出样例
3 10	8
1 2 4 2 1 1	4
2 5	
1 4 2 1	
0 0	

1. 算法设计

本题为多重背包问题，每种面值的钱币都有数量限制，求解可以用这些钱币拼出多少种价格（1～m）。在第 *i* 阶段处理第 *i* 种钱币，dp[*j*]表示能否用前 *i* 种钱币拼出价格 *j*。

本题可分为以下两种情况。

（1）第 *i*–1 阶段向第 *i* 阶段转移：若前 *i*–1 种钱币可以拼出价格 *j*，即 dp[*j*]在第 *i*–1 阶段已经为 true，则 dp[*j*]在第 *i* 阶段也为 true。

（2）第 *i* 阶段向第 *i* 阶段转移：若 dp[*j*–v[*i*]]在第 *i* 阶段已经为 true，则 dp[*j*]在第 *i* 阶段也为 true。

对于第 1 种情况，不用处理，因为 dp[*j*]已被标记为 true。对于第 2 种情况，用二进制分解方法或数组优化方法处理，用暴力分解方法处理容易超时。

2. 算法实现

```
bool dp[M];//dp[j]表示能否用前 i 种硬币拼出价格 j
int v[105],c[105];//价值，数量
void multi_knapsack(int n,int W){//二进制拆分
    for(int i=1;i<=n;i++){
        if(c[i]*v[i]>=W){//转化为完全背包问题
            for(int j=v[i];j<=W;j++)
                if(dp[j-v[i]])//若 dp[j-v[i]]是可以拼出的，则 dp[j]也可以
                    dp[j]=1;
        }
        else{
            for(int k=1;c[i]>0;k<<=1){//二进制拆分
                int x=min(k,c[i]);
                for(int j=W;j>=v[i]*x;j--)//转化为 01 背包问题
                    if(dp[j-v[i]*x])//若 dp[j-v[i]*x]是可达的，则 dp[j]也可以
                        dp[j]=1;
                c[i]-=x;
            }
        }
    }
}

int main(){
    int n,m;//n 个数，手表价格为 m
    while(~scanf("%d%d",&n,&m),n+m){
        for(int i=1;i<=n;i++)//价值
            scanf("%d",&v[i]);
        for(int i=1;i<=n;i++)
            scanf("%d",&c[i]);//数量
```

```
        memset(dp,0,sizeof(dp));
        dp[0]=1;//初始状态 0 可达
        multi_knapsack(n,m);
        int ans=0;
        for(int i=1;i<=m;i++)//累加答案
            ans+=dp[i];
        printf("%d\n",ans);
    }
    return 0;
}
```

3. 算法优化

本题用二进制分解方法可以提交成功，对同样的题目（POJ1742）这样做会超时，因为后者的测试数据量较大。所以，对于数据量大的题目，可以用数组优化方法求解。用 used[*j*]数组记录拼出价格 *j* 时用了多少个第 *i* 种硬币，由此实现数量限制约束。

```
int v[105],c[105],used[M]; //数组优化
bool dp[M];
int main(){
    int n,m,ans;
    while(~scanf("%d%d",&n,&m),n&&m){
        for(int i=1;i<=n;i++)
            scanf("%d",&v[i]);
        for(int i=1;i<=n;i++)
            scanf("%d",&c[i]);
        memset(dp,0,sizeof(dp));
        ans=0,dp[0]=1;
        for(int i=1;i<=n;i++){
            memset(used,0,sizeof(used));
            for(int j=v[i];j<=m;j++){
                if(!dp[j]&&dp[j-v[i]]&&used[j-v[i]]<c[i]){
                    dp[j]=1;
                    used[j]=used[j-v[i]]+1;
                    ans++;
                }
            }
        }
        printf("%d\n",ans);
    }
    return 0;
}
```

7.1.2 分组背包问题

给定 n 组物品，第 i 组有 c_i 个物品，第 i 组的第 j 个物品有重量 w_{ij} 和价值 v_{ij}，背包容量为 W，在不超过背包容量的情况下每组最多选择一个物品，求解如何放入物品，可使背包中物品的价值之和最大。

因为每组最多选择一个物品，所以可以将每组物品都看作一个整体，这就类似于 01 背包问题。

第1组物品　　　　　　　第2组物品　　　　　　　　第n组物品

$\overbrace{w_{11}\ v_{11}\ \cdots\ w_{1c1}\ v_{1c1}}\quad \overbrace{w_{21}\ v_{21}\ \cdots\ w_{2c2}\ v_{2c2}}\quad \cdots\quad \overbrace{w_{n1}\ v_{n1}\ \cdots\ w_{ncn}\ v_{ncn}}$

在处理第 i 组物品时，对前 $i-1$ 组物品已处理完毕，只需考虑从第 $i-1$ 阶段向第 i 阶段转移。

状态表示：$c[i][j]$ 表示将前 i 组物品放入容量为 j 的背包可以获得的最大价值。

第 i 组物品的处理状态如下。

- 若不放入第 i 组物品，则放入背包的物品价值不增加，问题转化为"将前 $i-1$ 组物品放入容量为 j 的背包可以获得的最大价值"，最大价值为 $c[i-1][j]$。
- 若放入第 i 组的第 k 个物品，则相当于从第 $i-1$ 阶段向第 i 阶段转移，问题转化为"将前 $i-1$ 组物品放入容量为 $j-w[i][k]$ 的背包可以获得的最大价值"，此时获得的最大价值是 $c[i-1][j-w[i][k]]$，再加上放入第 i 组的第 k 个物品获得的价值 $v[i][k]$，总价值为 $c[i-1][j-w[i][k]]+v[i][k]$。

若背包容量不足，不可以放入物品，则价值仍为处理前 $i-1$ 组物品的结果；若背包容量允许，则考察放入或不放入物品哪种获得的价值更大。

状态转移方程：

$$c[i][j] = \begin{cases} c[i-1][j] & ,j < w[i][k] \\ \max_{1 \le k \le c_i}(c[i-1][j], c[i-1][j-w[i][k]]+v[i][k]), & j \ge w[i][k] \end{cases}$$

与 01 背包问题一样，可以首先将分组背包优化为一维数组，然后倒推，从而实现从第 $i-1$ 阶段向第 i 阶段转移时在每组最多选择一个物品。

状态表示：$dp[j]$ 表示将物品放入容量为 j 的背包可以获得的最大价值。

状态转移方程：$dp[j]=\max(dp[j], dp[j-w[i][k]]+v[i][k])$。

算法代码：

```
void group_knapsack1(int n,int W){//分组背包
    for(int i=1;i<=n;i++)
        for(int j=W;j>=0;j--)
```

```
                for(int k=1;k<=c[i];k++)//枚举分组内各个物品的数量
                    if(j>=w[i][k])
                        dp[j]=max(dp[j],dp[j-w[i][k]]+v[i][k]);
}
```

算法分析：本算法包含 3 层 for 循环，时间复杂度为 $O(W\sum c_i)$，空间复杂度为 $O(W)$。

⚠️**注意**　用于枚举分组内各个物品的数量的 k 一定在最内层的循环中，若将其放到 j 的外层，则变为多重背包的暴力拆分算法，因为会出现组内物品被多次放入的情况，就转化为多重背包问题。

✏️**训练　价值最大化**

题目描述（HDU1712）：小明这学期有 n 门课程，他计划最多花费 m 天学习。根据他在不同课程上花费的天数，他将获得不同的价值，求解在不超过 m 天的情况下如何安排学习 n 门课程，可使获得的价值之和最大。

输入：输入多个测试用例。每个测试用例的第 1 行都为 2 个正整数 n 和 m，分别表示课程数和天数，接下来为 n 行 m 列，$a[i][j]$ 表示在第 i 门课程上花费 j 天将获得的价值，$1 \leqslant i \leqslant n \leqslant 100$，$1 \leqslant j \leqslant m \leqslant 100$。以输入 2 个 0 表示输入结束。

输出：对于每个测试用例，都单行输出获得的最大价值。

输入样例	输出样例
2 2	3
1 2	4
1 3	6
2 2	
2 1	
2 1	
2 3	
3 2 1	
3 2 1	
0 0	

1. 算法设计

本题为分组背包问题，n 门课程为 n 组，天数为 m（背包容量），$a[i][j]$ 表示在第 i 门课程上花费 j 天将获得的价值。求解在不超过 m 天的情况下如何安排学习 n 门课程，可使获得的价值之和最大。

状态表示：dp[j] 表示花费 j 天可以获得的最大价值。

状态转移方程：对于第 i 门课程，有两种选择：花费 0 天和花费 k 天。前者相当于没学习第 i 门课程，获得的价值等于学习前 $i-1$ 门课程获得的最大价值 dp[j]。若花

费 k 天学习第 i 门课程获得的价值为 $a[i][k]$，花费 $j{-}k$ 天学习前 $i{-}1$ 门课程获得的最大价值为 $dp[j{-}k]$，则花费 j 天学习前 i 门课程获得的最大价值为 $dp[j{-}k]{+}a[i][k]$。对两种选择结果取最大值，$dp[j]{=}max(dp[j],dp[j{-}k]{+}a[i][k])$。

2．算法实现

```
int a[maxn][maxn],dp[maxn];
int main(){
    while(~scanf("%d%d",&n,&m)){
        if(n==0&&m==0) break;
        memset(dp,0,sizeof(dp));
        for(int i=1;i<=n;i++)
            for(int j=1;j<=m;j++)
                scanf("%d",&a[i][j]);
        for(int i=1;i<=n;i++)
            for(int j=m;j>=0;j--)
                for(int k=1;k<=j;k++)//枚举分组内的天数
                    dp[j]=max(dp[j],dp[j-k]+a[i][k]);
        printf("%d\n",dp[m]);
    }
    return 0;
}
```

7.1.3 混合背包问题

若在一个问题中，有些物品只可被取一次（01 背包问题），有些物品可被取无限次（完全背包问题），有些物品可被取有限次（多重背包问题），则这种问题属于混合背包问题。

1．01 背包问题+完全背包问题

当 01 背包问题与完全背包问题混合时，根据物品的类别倒推或正推求解，伪代码如下：

```
for i=1..N
    if 第 i 种物品对应 01 背包问题
        for v=V..0
            f[v]=max{f[v],f[v-c[i]]+w[i]};
    else if 第 i 种物品对应完全背包问题
        for v=0..V
            f[v]=max{f[v],f[v-c[i]]+w[i]};
```

2．01 背包问题+完全背包问题+多重背包问题

若三种背包问题混合，则分别判断物品所对应的问题类型并进行处理，伪代码如下：

```
for i=1..N
    if 第 i 种物品对应 01 背包问题
        ZeroOnePack(c[i],w[i])
    else if 第 i 种物品对应完全背包问题
        CompletePack(c[i],w[i])
    else if 第 i 种物品对应多重背包问题
        MultiplePack(c[i],w[i],n[i])
```

混合背包问题并不是什么难题，但将它们组合起来可能会难倒不少人。只要基础扎实，领会背包问题的基本思想，就可以把复杂的问题转化为简单的问题来解决。

✎ 训练　最少硬币

题目描述（POJ3260）：约翰在进城买物品时总是以最少的硬币来交易，即他用来支付的硬币数量和店主找零的硬币数量之和是最小的。他想购买 T（$1 \leqslant T \leqslant 10\ 000$）美分的物品，而硬币系统有 N（$1 \leqslant N \leqslant 100$）种不同的硬币，面值分别为 $v_1, v_2, \cdots, v_N$（$1 \leqslant v_i \leqslant 120$）。约翰拥有的硬币为 c_1 个面值 v_1 的硬币，c_2 个面值 v_2 的硬币，$\cdots$，c_N 个面值 v_N（$0 \leqslant c_i \leqslant 10\ 000$）的硬币。店主拥有无限的硬币，并且总是以最有效的方式进行交易（约翰必须确保其支付方式正确）。

输入：第 1 行为 2 个整数 N 和 T，分别表示物品的价格和硬币的种类。第 2 行为 N 个整数 $v_1, v_2, \cdots, v_N$，表示硬币的面值。第 3 行为 N 个整数 $c_1, c_2, \cdots, c_N$，表示硬币的数量。

输出：单行输出约翰支付和店主找零的最少硬币数量，若不可能支付和找零，则输出 -1。

输入样例	输出样例
3 70	3
5 25 50	
5 2 2	

提示：约翰用一枚 50 美分和一枚 25 美分的硬币支付了 75 美分，并被找零一枚 5 美分的硬币，总共有 3 枚硬币用于交易。

题解：约翰要购买价格为 T 的物品，他有 N 种硬币，第 i 种硬币的面值为 v_i，数量为 c_i，同时店主只有这几种面值的硬币，但数量无限，问约翰支付和店主找零的最少硬币数量。约翰支付对应多重背包问题，店主找零对应完全背包问题，本题为多重背包+完全背包混合问题。背包容量的上界为 maxv×maxv+T，其中 maxv 表示硬币的最大面值。

证明：假设存在一种最优支付方案，在该方案中，约翰支付了超过 maxv×maxv+T 的硬币，则商店会找零超过 maxv×maxv 的硬币，这些硬币的数量大于 maxv。假设这些硬币的面值分别为 v_i, 则根据鸽笼原理, 在硬币序列中至少存在两个子序列, 这两个子序列的和都可被 maxv 整除。若直接将长度更小的子序列换算为若干面值为 maxv 的硬币, 再去替换母序列, 就可以用更少的硬币买到商品, 这与最优支付方案矛盾。

1. 算法设计

（1）支付：对应多重背包问题, 每种面值 v[i]的硬币都有数量限制 c[i], 求解在金额不超过 maxv×maxv+T 的情况下可以达到的最少硬币数量。

（2）找零：对应完全背包问题, 每种面值 v[i]的硬币都没有数量限制, 求解在金额不超过 maxv×maxv 的情况下可以达到的最少硬币数量。

（3）在二者之和中求最小值：ans=min(ans,dp_pay[T+i]+dp_change[i]), dp_pay[j] 和 dp_change[j]分别表示在金额不超过 j 的情况下约翰支付和店主找零的最少硬币数量。先支付 $T+i$ 金额的硬币, 再找零 i 金额的硬币, 相当于买到 T 价格的商品。

2. 算法实现

```
const int maxm=10000+120*120+5;//T+maxv*maxv+5
int dp_pay[maxm],dp_change[maxm]; //分别表示约翰支付和店主找零达到的最少硬币数量
void multi_knapsack(int n,int W){//多重背包问题，二进制拆分
    memset(dp_pay,0x3f,sizeof(dp_pay));
    dp_pay[0]=0;
    for(int i=1;i<=N;i++){
        if(c[i]*v[i]>=W){
            for(int j=v[i];j<=W;j++)
                dp_pay[j]=min(dp_pay[j],dp_pay[j-v[i]]+1);
        }
        else{
            for(int k=1;c[i]>0;k<<=1){//二进制拆分
                int x=min(k,c[i]);
                for(int j=W;j>=v[i]*x;j--)//转化为01背包问题
                    dp_pay[j]=min(dp_pay[j],dp_pay[j-v[i]*x]+x);
                c[i]-=x;
            }
        }
    }
}

void complete_knapsack(int n,int W){//完全背包问题
    memset(dp_change,0x3f,sizeof(dp_change));
    dp_change[0]=0;
    for(int i=1;i<=n;i++)
        for(int j=v[i];j<=W;j++)
            dp_change[j]=min(dp_change[j],dp_change[j-v[i]]+1);
}
```

```
int main(){
    while(~scanf("%d%d",&N,&T)){
        int maxv=0,W;
        for(int i=1;i<=N;i++)
            scanf("%d",&v[i]),maxv=max(maxv,v[i]);
        for(int i=1;i<=N;i++)
            scanf("%d",&c[i]);
        maxv=maxv*maxv;
        multi_knapsack(N,maxv+T);// 约翰支付，对应多重背包问题
        complete_knapsack(N,maxv);//店主找零，对应完全背包问题
        int ans=INF;
        for(int i=0;i<=maxv;i++)//支付 T+i 金额的钱，找零 i 金额的钱
            ans=min(ans,dp_pay[i+T]+dp_change[i]); //统计最小值
        if(ans==INF)
            ans=-1; //找不到答案，输出-1
        printf("%d\n",ans);
    }
    return 0;
}
```

7.2 树形 DP 进阶

有两种较难的树形 DP：背包类树形 DP 和不定根树形 DP。本节通过几个竞赛实例详细讲解这两种树形 DP 的解题方法。

7.2.1 背包类树形 DP

背包问题一般是求解在有限制的情况下获得的最大价值或者最大数量，若在背包问题的基础上附加了树形拓扑关系，则这类动态规划被称为"背包类树形 DP"。

📝 训练 1 城堡中的宝物

题目描述（HDU1561）：在地图上有 n 座城堡，在每座城堡中都有一定的宝物。在每次游戏中都允许攻克 m 座城堡并获得其中的宝物。但有些城堡不可被直接攻克，要攻克这些城堡，就必须先攻克剩余的某座特定城堡。请计算攻克 m 座城堡可以获得的最大宝物数量。

输入：第 1 行为 2 个整数 n 和 m（1≤m≤n≤200）。接下来的 n 行，每行都为 2 个整数 a、b，在其第 i 行中，a（0≤a≤n）表示要攻克第 i 座城堡，则必须先攻克第 a 座城堡，若 a=0，则表示可以直接攻克第 i 座城堡；b（b≥0）表示第 i 座城堡中的宝物数量。以输入 2 个 0 表示输入结束。

输出：对于每个测试实例，都单行输出攻克 m 座城堡可以获得的最大宝物数量。

输入样例	输出样例
3 2	5
0 1	13
0 2	
0 3	
7 4	
2 2	
0 1	
0 4	
2 1	
7 1	
7 6	
2 2	
0 0	

题解：本题要求在 n 座城堡中选择 m 座城堡中的宝物，城堡之间有拓扑关系，求解如何选择城堡获得的宝物数量最大。本题类似于背包问题，只是加了拓扑限制，即要求在城堡数量有限制的情况下获得的宝物最多，属于背包类树形 DP 问题。

根据输入样例 1、输入样例 2 创建的关系树如下图所示。

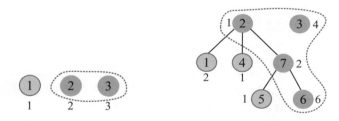

对于第 1 个输入样例，因为 3 个节点都没有直接前驱，所以可以直接从 3 个节点中选择宝物最多的两座城堡（$m=2$），最大和为 5。

对于第 2 个输入样例，因为节点 2、3 没有直接前驱，节点 2、7、6 有拓扑关系，所以可以选择宝物数量之和最大的 4 座城堡（$m=4$）：2、7、6、3，最大和为 13。

1. 算法设计

本题为森林数据结构，可以在其中添加一个节点 0 作为超根，将森林转化为一棵树。将节点编号作为状态的第 1 维，将选择的节点数作为状态的第 2 维。

状态表示：$dp[u][j]$ 表示在以节点 u 为根的子树上选择 j 个节点获得的最大和。

状态转移方程：$dp[u][j]=\max(dp[u][j], dp[v][k]+dp[u][j-k])$，$1 \leqslant j \leqslant m$，$k<j$，节点 v 为节点 u 的孩子。

对节点 u 的每个孩子 v，若在以孩子 v 为根的子树上选择 k 个节点获得的最大和为 dp[v][k]，则在以节点 u 为根的其余部分获得的最大和为 dp[u][$j-k$]，将两部分求和之后取最大值。

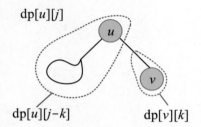

$$\text{dp}[u][j]$$

$$\text{dp}[u][j-k] \qquad \text{dp}[v][k]$$

边界条件：dp[u][1]=val[u]。

求解目标：dp[0][m]。

2. 算法实现

本题为典型的背包类树形 DP 问题，在深度优先搜索过程中对节点 u 的所有孩子都用分组背包问题的求解方法进行更新。

```
int val[N],dp[N][N];
vector<int>E[N];
void dfs(int u,int m){
    dp[u][1]=val[u];
    for(int i=0;i<E[u].size();i++){
        int v=E[u][i];
        dfs(v,m-1);
        for(int j=m;j>=1;j--)//类似于分组背包问题的倒推求解方法
            for(int k=1;k<j;k++)
                dp[u][j]=max(dp[u][j],dp[v][k]+dp[u][j-k]);
    }
}

int main(){
    int n,m;
    while(~scanf("%d%d",&n,&m),n+m){//在 n+m=0 时，算法结束
        for(int i=0;i<=n;i++)
            E[i].clear();
        memset(dp,0,sizeof(dp));
        m++;//增加超根后，m+1
        val[0]=0;
        int u;
        for(int i=1;i<=n;i++){
            scanf("%d%d",&u,&val[i]);
            E[u].push_back(i);
        }
        dfs(0,m);
```

```
        printf("%d\n",dp[0][m]);
    }
    return 0;
}
```

3. 算法优化

在以节点 v 为根的子树上选择 k 个节点，k 必然小于或等于以节点 v 为根的子树的大小（sizev）。例如，若在以节点 v 为根的子树上有 3 个节点，就不可能在该子树上选择超过 3 个节点。所以在 $k<j$ 的基础上附加一个条件（$k\leqslant$sizev）进行优化，优化后速度明显加快，算法优化后的运行时间为 31ms，优化前的运行时间为 234ms。

```
int dfs(int u,int m){//返回以节点u为根的子树的大小
    dp[u][1]=val[u];
    int sizeu=1,sizev=0;//以节点u、v为根的子树的大小
    for(int i=0;i<E[u].size();i++){
        int v=E[u][i];
        sizev=dfs(v,m-1);
        for(int j=m;j>=1;j--)//类似于分组背包问题的倒推求解方法
            for(int k=1;k<=sizev&&k<j;k++)
                dp[u][j]=max(dp[u][j],dp[v][k]+dp[u][j-k]);
        sizeu+=sizev;
    }
    return sizeu;
}
```

✎ 训练 2　苹果树

题目描述（**POJ2486**）：一棵虚拟的苹果树有 n 个节点，每个节点都有一定数量的苹果。从节点 1 出发沿着分支向前走，可以吃掉所经过节点的苹果。当从一个节点走到另一个邻接点时，需要走一步。计算经过 k 步最多可以吃掉多少个苹果。

输入：输入几个测试用例。每个测试用例都包含 3 部分。第 1 部分为 2 个数字 n、k（$1\leqslant n\leqslant 100$，$0\leqslant k\leqslant 200$），分别表示节点数和所走的步数，节点编号为 $1\sim n$。第 2 部分为 n 个整数（所有整数均非负且不大于 1 000），第 i 个整数表示节点 i 的苹果数量。第 3 部分为 $n-1$ 行，每行都为 2 个整数 a、b，表示节点 a 和节点 b 是相邻的。

输出：对于每个测试用例，都单行输出经过 k 步可以吃掉的苹果最大数量。

输入样例	输出样例
2 1	11
0 11	2
1 2	
3 2	
0 1 2	
0 1 2	

```
12
13
```

题解： 输入样例 1 和输入样例 2 对应的关系树如下图所示。输入样例 1 从节点 1 走 1 步到节点 2，可以吃掉 11 个苹果。输入样例 2 从节点 1 走 2 步，可以吃掉 2 个苹果，因为从节点 1 走 1 步到节点 3，可以吃掉 2 个苹果，从节点 3 返回节点 1 时没有苹果可吃。

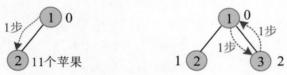

1. 算法设计

从节点 u 出发有两种情况：回到节点 u 和不回到节点 u。将节点编号作为第 1 维，将走的步数作为第 2 维，将是否回到节点 u 作为第 3 维（0 表示没有回到节点 u，1 表示回到节点 u）。

状态表示：

- $dp[u][j][1]$ 表示从节点 u 出发，走 j 步，再回到节点 u，吃掉的苹果最大数量；
- $dp[u][j][0]$ 表示从节点 u 出发，走 j 步，不回到节点 u，吃掉的苹果最大数量。

（1）回到节点 u。从节点 u 出发，到其中一棵子树吃苹果，再返回节点 u，接着到另一棵子树吃苹果，总步数为 j。

走的过程可分为两部分：①从节点 u 到达其孩子 v，在节点 v 的子树上走 $t-2$ 步并回到节点 v，再从节点 v 回到节点 u，其中 $u\rightarrow v$、$v\rightarrow u$ 来回走 2 步；②在节点 u 的其他子树上走 $j-t$ 步，之后回到节点 u。

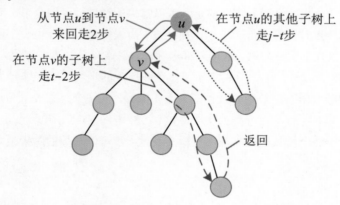

状态转移方程：$dp[u][j][1]=\max(dp[u][j][1],dp[u][j-t][1]+dp[v][t-2][1])$。

（2）不回到节点 u。若不回到节点 u，则最后回到哪里呢？可以把节点 v 的子树

和节点 u 的其他子树分开考虑。最后回到的位置分为以下两种情况。

情况一，最后回到节点 v 的子树上。此时分为两部分：①在节点 u 的其他子树上走 $j-t$ 步并回到节点 u；②从节点 u 到节点 v，在节点 v 的子树上走 $t-1$ 步，之后回到节点 v 的子树上。

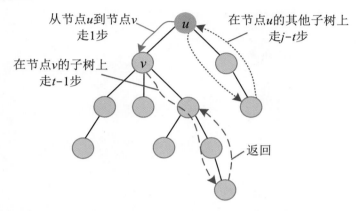

状态转移方程：$dp[u][j][0]=\max(dp[u][j][0],dp[u][j-t][1]+dp[v][t-1][0])$。

情况二，最后回到节点 u 的其他子树上。此时分为两部分：①从节点 u 到达其孩子 v，在节点 v 的子树上走 $t-2$ 步并回到节点 v，再从节点 v 回到节点 u，其中 $u{\to}v$、$v{\to}u$ 来回走两步；②在节点 u 的其他子树上走 $j-t$ 步，最后回到节点 u 的其他子树上。

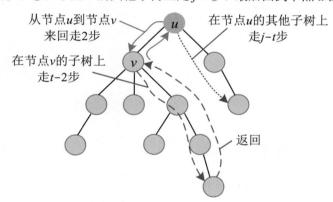

状态转移方程：$dp[u][j][0]=\max(dp[u][j][0],dp[u][j-t][0]+dp[v][t-2][1])$。

边界条件：$dp[u][j][0]=dp[u][j][1]=val[u]$。

求解目标：$\max(dp[1][k][0],dp[1][k][1])$。

2．算法实现

本题属于背包类树形 DP 问题，用深度优先搜索实现。对每个节点的孩子都枚举 $j=k{\sim}1$，$t=1{\sim}j$。

```
int dp[M][M][2],val[M],head[M];
void dfs(int u,int fa){
    for(int i=0;i<=k;i++)
        dp[u][i][0]=dp[u][i][1]=val[u];
    for(int i=head[u];~i;i=e[i].next){
        int v=e[i].v;
        if(v==fa) continue;
        dfs(v,u);
        for(int j=k;j>=1;j--){//背包类树形DP
            for(int t=1;t<=j;t++){
                dp[u][j][0]=max(dp[u][j][0],dp[u][j-t][1]+dp[v][t-1][0]);
                if(t>=2){
                    dp[u][j][0]=max(dp[u][j][0], dp[u][j-t][0]+dp[v][t-2][1]);
                    dp[u][j][1]=max(dp[u][j][1], dp[u][j-t][1]+dp[v][t-2][1]);
                }
            }
        }
    }
}

int main(){
    int u,v;
    while(~scanf("%d%d",&n,&k)){
        init();
        for(int i=1;i<=n;++i)
            scanf("%d",&val[i]);
        for(int i=1;i<n;++i){
            scanf("%d%d",&u,&v);
            add(u,v),add(v,u);
        }
        dfs(1,-1);
        printf("%d\n",max(dp[1][k][0],dp[1][k][1]));
    }
    return 0;
}
```

7.2.2　不定根树形 DP

在一棵无根树上，若需要以每个节点为根用动态规划算法求解，则这类动态规划被称为"不定根树形 DP"。对于不定根树形 DP 问题，可以将每个节点都换作根进行求解，但是这种算法的时间复杂度太高。可以通过二次扫描实现从节点 v 出发，既考虑向上的答案，又考虑向下的答案，相当于把节点 v 换作根进行求解，这就是换根的含义。进行第 1 次深度优先搜索时，自底向上进行状态转移，进行第 2 次深度优先搜索时，自顶向下进行状态转移，最后计算换根后的答案，这种方法被称为"二次扫描与换根法"。

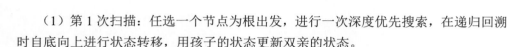

（1）第 1 次扫描：任选一个节点为根出发，进行一次深度优先搜索，在递归回溯时自底向上进行状态转移，用孩子的状态更新双亲的状态。

（2）第 2 次扫描：从第 1 次扫描时选择的根出发，再进行一次深度优先搜索，在每次递归前都自顶向下进行状态转移，用双亲的状态更新孩子的状态，计算换根后的答案。

🖉 训练 1　最大累积度

题目描述（POJ3585）：$a(x)$ 表示树上节点 x 的累积度，定义：①树的每个边都有一个正容量；②树上度为 1 的节点被称为"终端节点"；③每条边的流量都不可以超过其容量；④$a(x)$ 是从节点 x 流向其他终端节点的最大流量。树的累积度是树上节点的最大累积度。示例如下图所示，树的累积度为 26。

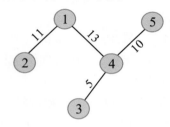

（1）$a(1)=11+5+8=24$

路径和流量：1→2　　　11

　　　　　　1→4→3　5

　　　　　　1→4→5　8（1→4 的容量为 13，1→4→3 的流量为 5，剩余流量 8）

（2）$a(2)=5+6=11$

路径和流量：2→1→4→3　5

　　　　　　2→1→4→5　6

（3）$a(3)=5$

路径和流量：3→4→5　5

（4）$a(4)=11+5+10=26$

路径和流量：4→1→2　11

　　　　　　4→3　　　5

　　　　　　4→5　　　10

（5）$a(5)=10$

路径和流量：5→4→1→2　10

输入：输入的所有数据都是不超过 200 000 的非负整数。第 1 行为 1 个整数 t，表示测试用例的数量。每个测试用例的第 1 行都为 1 个整数 n，表示节点数，节点编号为 $1\sim n$。接下来的 $n{-}1$ 行中的每行都为 3 个整数 x、y、z，表示在节点 x 和节点 y 之间有一条边，容量为 z。

输出：对于每个测试用例，都单行输出树的累积度。

输入样例	输出样例
1	26
5	
1 2 11	
1 4 13	
3 4 5	
4 5 10	

1. 算法设计

节点的累积度 a(x) 是从节点 x 流向其他终端节点的最大流量，相当于以节点 x 为源点流向树上其他终端节点的最大流量。本题需要首先计算所有节点的累积度，然后以最大值作为树的累积度。若以每个节点为根都计算一次，则时间复杂度太高。本题属于不定根树形 DP 问题，可以用二次扫描与换根法解决。

状态表示：d[u]表示从节点 u 出发向下流向其子树的最大流量。

状态转移方程：假设节点 v 是节点 u 的孩子，则状态转移方程有以下两种形式。

①若节点 v 的度为 1，则说明节点 v 是一个终端节点，没有孩子。此时，状态转移方程为 d[u]=sum(c(u,v))，其中，c(u,v) 表示节点 u 和节点 v 之间的容量；

②若节点 v 的度大于 1，则状态转移方程为 d[u]=sum(min(d[v], c(u,v)))。

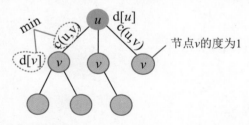

若从节点 u 出发求解，则得到的 d[u]就是以节点 u 为源点的最大流量，怎么求解从其他节点出发的最大流量呢？最笨的方法是以其他每个节点为源点再求解一遍。其实这完全没必要。

状态表示：dp[u]表示以节点 u 为源点流向其他终端节点的最大流量。

⚠ 注意 dp[*u*] 与 d[*u*] 的含义不同，d[*u*] 表示从节点 *u* 出发向下流向其子树的最大流量，dp[*u*] 表示从节点 *u* 出发流向其他终端的最大流量，包括向上和向下的最大流量。

假设已经求解出 dp[*u*]，则对节点 *u* 的每个孩子 *v* 来说，从节点 *v* 出发流向整个终端的最大流量都包括两部分：①节点 *v* 向下流向其子树的最大流量 d[*v*]；②节点 *v* 向上流向其双亲 *u* 的最大流量，这部分流量会经过节点 *u* 流向其他分支。

在求解从节点 *v* 出发流向整个终端的最大流量时，既要考虑向上的流量，又要考虑向下的流量，相当于把节点 *v* 换作根求解。

第 1 部分流量 d[*v*] 在第 1 次深度优先搜索时已经求解出。第 2 部分节点 *v* 向上流向其双亲 *u* 的流量分为以下两种情况。

- 节点 *u* 的度为 1。即节点 *u* 除了与节点 *v* 相连，没有其他孩子，节点 *v* 向上流向其双亲 *u* 的最大流量是 c(u,v)。

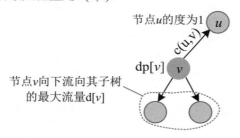

状态转移方程： dp[*v*]=d[*v*]+c(u,v)。

- 节点 *u* 的度大于 1。节点 *v* 向上流向双亲 *u* 的流量等于 min(t, c(u,v))，*t* 为节点 *u* 流向除节点 *v* 外的其他部分的流量。*t* 等于从节点 *u* 出发流向其他终端的最大流量 dp[*u*] 减去流向节点 *v* 的流量 min(d[v],c(u,v))，即 *t*=dp[*u*]−min(d[v], c(u,v))。

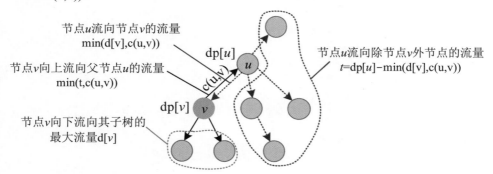

状态转移方程： dp[*v*]=d[*v*]+min(dp[u]−min(d[v],c(u,v)),c(u,v))。

2. 算法实现

```
void dfs1(int u,int fa){
    d[u]=0;
    for(int i=head[u];~i;i=edge[i].next){
        int v=edge[i].v;
        if(v==fa) continue;
        dfs1(v,u);
        if(deg[v]==1) d[u]+=edge[i].w;
        else d[u]+=min(d[v],edge[i].w);
    }
}

void dfs2(int u,int fa){
    for(int i=head[u];~i;i=edge[i].next){
        int v=edge[i].v;
        if(v==fa) continue;
        if(deg[u]==1) dp[v]=d[v]+edge[i].w;
        else dp[v]=d[v]+min(dp[u]-min(d[v], edge[i].w),edge[i].w);
        dfs2(v,u);
    }
}

int main() {
    scanf("%d",&T);
    while(T--){
        scanf("%d",&n);
        init();
        for(int i=1;i<n;i++){
            int u,v,w;
            scanf("%d%d%d",&u,&v,&w);
            add(u,v,w),add(v,u,w);
            deg[u]++,deg[v]++;
        }
        dfs1(1,0);
        dp[1]=d[1];
        dfs2(1,0);
        int ans=0;
        for(int i=1;i<=n;i++)
            ans=max(ans,dp[i]);
        printf("%d\n",ans);
    }
    return 0;
}
```

✍ 训练 2　最远距离

题目描述（**HDU2196**）：某学校在不久前买了第 1 台计算机（编号为 1）。近年来，该学校又买了 $n-1$ 台新计算机。每台新计算机都被连接到先前安装的一台计算机上。该学校的管理者担心网络运行缓慢，想知道第 i 台计算机发送信号的最大距离 s_i（即从电缆到最远计算机的长度）。

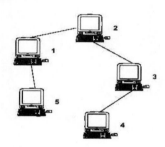

提示：输入样例对应上图，可以看出，第 1 台计算机距离第 4 台计算机最远，最远电缆长度为 3，所以 $s_1=3$。第 2 台计算机距离第 4、5 台计算机最远，最远电缆长度 $s_2=2$。第 3 台计算机距离第 5 台计算机最远，最远电缆长度 $s_3=3$。同理，得到 $s_4=4$、$s_5=4$。

输入：输入多个测试用例。每个测试用例的第 1 行都为 $n\,(n \leqslant 10^4)$。接下来的 $n-1$ 行为对计算机的描述，其第 i 行为 2 个自然数，分别表示连接第 i 台计算机的计算机编号和用于连接的电缆长度。电缆总长度不超过 10^9。

输出：对于每个测试用例，都输出 n 行，其第 i 行表示第 i 台计算机到其他计算机的最远距离。

输入样例	输出样例
5	3
1 1	2
2 1	3
3 1	4
1 1	4

1. 算法设计

本题求解树上任意节点之间的最远距离。对于树上的任意一个节点，在求解其到其他节点的最远距离时，都可以从该节点出发进行广度优先搜索，时间复杂度为 $O(n)$，n 个节点的总时间复杂度为 $O(n^2)$。本题的时间限制为 1 秒，$n \leqslant 10^4$，时间复杂度为 $O(n^2)$ 的算法会超时。可以用树形 DP 算法解决。

对于树上任意一个节点 v，其到其他节点的最远距离涉及节点 v 向下走的最远距

离及节点 v 向上走的最远距离，二者取最大值即可。对于节点 v 向下走的最远距离，只需进行一次深度优先搜索即可求解，问题的关键在于怎么求解节点 v 向上走的最远距离。

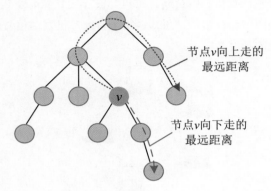

状态表示：

- dp[u][0]表示节点 u 向下走的最远距离（节点 u 到其子树上的节点的最远距离）；
- dp[u][1]表示节点 u 向下走的次远距离；
- dp[u][2]表示节点 u 向上走的最远距离。

状态转移方程： 对于 dp[u][0]和 dp[u][1]，可以通过一次深度优先搜索求解；对于 dp[u][2]，需要再执行一次深度优先搜索求解。两次深度优先搜索的时间复杂度均为 $O(n)$。

若节点 u 为节点 v 的双亲，且两个节点之间的权值为 cost，则对于节点 v 向上走的最远距离，分以下两种情况求解。

（1）节点 u 向下走的最远距离，经过节点 v。

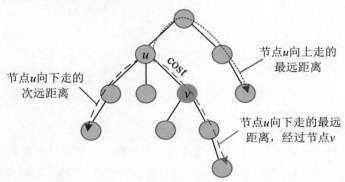

节点 v 向上走的最远距离=max{节点 u 向下走的次远距离,节点 u 向上走的最远距离}+cost，即 dp[v][2]=max(dp[u][1], dp[u][2])+cost。

（2）节点 u 向下走的最远距离，不经过节点 v。

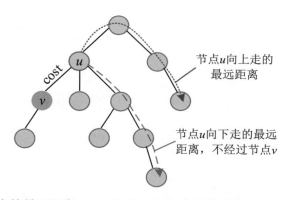

节点 u 向上走的最远距离

节点 u 向下走的最远距离，不经过节点 v

节点 v 向上走的最远距离=max{节点 u 向下走的最远距离,节点 u 向上走的最远距离}+cost，即 dp[v][2]=max(dp[u][0], dp[u][2])+cost。

边界条件：dp[u][0]=dp[u][1]=dp[u][2]=0。

求解目标：节点 u 的最远距离为 max(dp[u][0],dp[u][2])。

对本题可以用二次扫描和换根法求解。

算法步骤：

（1）第 1 次深度优先搜索，自底向上求解每个节点向下走的最远距离 dp[u][0]和次远距离 dp[u][1]；

（2）第 2 次深度优先搜索，自顶向下求解每个节点向上走的最远距离 dp[u][2]；

（3）对于每个节点 u，都输出 max(dp[u][0],dp[u][2])。

2．算法实现

```
void dfs1(int u,int fa){
    int mx1=0,mx2=0;//最大值、第 2 大值
    for(int i=head[u];~i;i=edge[i].next){
        int v=edge[i].v;
        if(v==fa) continue;
        dfs1(v,u);
        int c=dp[v][0]+edge[i].w;
        if(mx1<=c) mx2=mx1,mx1=c,idx[u]=v;
        else if(mx2<c) mx2=c;
    }
    dp[u][0]=mx1;
    dp[u][1]=mx2;
}

void dfs2(int u,int fa){
    for(int i=head[u];~i;i=edge[i].next){
        int v=edge[i].v;
        if(v==fa) continue;
```

```
        if(idx[u]==v)
            dp[v][2]=max(dp[u][1]+edge[i].w,dp[u][2]+edge[i].w);
        else
            dp[v][2]=max(dp[u][0]+edge[i].w,dp[u][2]+edge[i].w);
        dfs2(v,u);
    }
}

int main(){
    int n,a,b;
    while(~scanf("%d",&n)){
        cnt=0;
        memset(head,-1,sizeof(head));
        for(int i=2;i<=n;i++){
            scanf("%d%d",&a,&b);
            add(i,a,b),add(a,i,b);
        }
        memset(dp,0,sizeof(dp));
        dfs1(1,1);
        dfs2(1,1);
        for(int i=1;i<=n;i++)
            printf("%d\n",max(dp[i][0],dp[i][2]));
    }
    return 0;
}
```

第8章

复杂动态规划及其优化

8.1 数位 DP

数位 DP 是与数位相关的一种计数类 DP，一般用于统计[l, r]区间满足特定条件的元素数量。数位指个位、十位、百位、千位等。数位 DP 指在数位上进行动态规划，是一种有策略的穷举方式，在子问题求解完毕后将其结果记忆化即可。

📝 训练 1　不吉利的数字

题目描述（HDU2089）： 很多人都不喜欢车牌中有不吉利的号码，不吉利的号码为所有包含"4"或"62"的号码，例如，62315、73418、88914 都属于不吉利的号码。但是，61152 虽然包含"6"和"2"，但不是"62"连号，所以不属于不吉利的号码。

输入： 输入整数对 n、m（0<n≤m<1 000 000），输入都是 0 的整数对表示输入结束。

输出： 对于每个整数对，都单行输出[n, m]区间不包含"4"或"62"的号码数量。

输入样例	输出样例
1 100	80
0 0	

题解： 本题实质上是求解一个区间不包含"4"或"62"的元素数量，为典型的数位 DP 问题，可以用预处理和记忆化递归两种方式求解。

1. 预处理

预处理指先统计 i 位数满足条件（不包含不吉利数字"4"或"62"）的元素数量并存储，在对某个具体的数进行求解时直接查询结果即可。[a, b]区间满足条件的元素数量等于[1, b]区间满足条件的元素数量减去[1, a-1]区间满足条件的元素数量。

247

状态表示：dp[i][j]表示 i 位数第 1 个数字是 j 时满足条件的元素数量。

本题数据最多有 7 位，可以预处理 9 位，预处理只运行一次，所以预处理的数据位数比题目中的数据位数大一些也没有关系，但绝对不可以比题目中的数据位数小。

状态转移方程如下。

- j=4：dp[i][j]=0。第 1 个数字是 4，4 是不吉利的数字，满足条件的元素数量为 0。
- j=6 且 k=2：若第 1 个数字是 6 且下一个数字是 2，则 62 是不吉利的数字，不满足条件，不累加；否则枚举下一个数字 k，累加 dp[i−1][k]，dp[i][j]+=dp[i−1][k]，k=0,1,…,9。

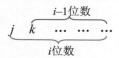

临界条件：dp[0][0]=1，预处理时满足条件的元素包含数字 0。

预处理代码如下：

```
void init(){//预处理
    dp[0][0]=1;
    for(int i=1;i<=9;i++)
        for(int j=0;j<=9;j++){
            if(j==4)
                dp[i][j]=0;
            else
                for(int k=0;k<=9;k++){
                    if(j==6&&k==2)
                        continue;
                    dp[i][j]+=dp[i-1][k];
                }
        }
}
```

预处理之后的数据如下图所示。

j=	0	1	2	3	4	5	6	7	8	9
i=1	1	1	1	1	0	1	1	1	1	1
i=2	9	9	9	9	0	9	9	9	9	9
i=3	80	80	80	80	0	80	71	80	80	80
i=4	711	711	711	711	0	711	631	711	711	711
i=5	6319	6319	6319	6319	0	6319	5608	6319	6319	6319
i=6	56160	56160	56160	56160	0	56160	49841	56160	56160	56160
i=7	499121	499121	499121	499121	0	499121	442961	499121	499121	499121
i=8	4435929	4435929	4435929	4435929	0	4435929	3936808	4435929	4435929	4435929
i=9	39424240	39424240	39424240	39424240	0	39424240	34988311	39424240	39424240	39424240

求解[1,x]区间满足条件（不包含不吉利数字"4"或"62"）的元素数量，过程如下。

（1）将整数的各位数字都存入数组。

（2）从高位向低位求解。对每位 i 都枚举 j（0～num[i]–1），若 $j=4$ 或者 $j=2$ 且 num[$i+1$]=6，则不累加，否则 ans+=dp[i][j]。在枚举结束后进行判断，若 num[i]=4 或者 num[i]=2 且 num[$i+1$]=6，则 ans=ans–1，立即结束。

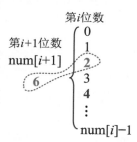

算法代码：

```
int solve(int x){//求解[1,x]区间满足条件的元素数量
    int ans=0,cnt=0;
    while(x)
        num[++cnt]=x%10,x/=10;
    num[cnt+1]=0;
    for(int i=cnt;i>=1;i--){//从高位向低位计算
        for(int j=0;j<num[i];j++)
            if(j==4||(j==2&&num[i+1]==6))
                continue;
            else
                ans+=dp[i][j];
        if(num[i]==4||(num[i]==2&&num[i+1]==6)){
            ans--;//例如4，统计到0、1、2、3共4个，其实只有3个满足（不包含0）
            break;
        }
    }
    return ans;
}
```

示例 1：统计[1,386]区间既不包含"4"也不包含"62"的数有多少个，过程如下。

（1）数字分解：num[1]=6，num[2]=8，num[3]=3。

（2）高位：统计首位是 0、1、2 的 3 位数，即 000～099、100～199、200～299 中符合条件的数，ans+=dp[3][0]+dp[3][1]+dp[3][2]=240。

（3）次高位：在高位 3 已确定的情况下，统计首位是 0～7 的两位数，即 300～309、310～319、320～329、330～339、340～349、350～359、360～369、370～379 中符合条件的数，ans+=dp[2][0]+dp[2][1]+dp[2][2]+dp[2][3]+dp[2][4]+dp[2][5]+dp[2][6]+dp[2][7]=302。

（4）低位：在高位 38 已确定的情况下，统计首位是 0～5 的 1 位数，即 380～385 中符合条件的数。最后 1 个数是 386，没有计算，正好多计算了 1 个数 000，不做特殊处理。ans+=dp[1][0]+dp[1][1]+dp[1][2]+dp[1][3]+dp[1][4]+dp[1][5]=307。

> ⚠️ **注意** 若末尾是 4 或 62，则不应该统计最后 1 个数，计算结果要减 1，减去多计算的 0。

示例 2：统计[1,24]区间既不包含"4"也不包含"62"的数有多少个，过程如下。

（1）数字分解：num[1]=4，num[2]=2。

（2）高位：以 0、1 开头的两位数，统计 00～09、10～19 中符合条件的数，ans+=dp[2][0]+dp[2][1]=18。

（3）低位：在高位 2 已确定的情况下，统计以 0～3 开头的一位数，即 20～23 中符合条件的数，ans+=dp[1][0]+dp[1][1]+dp[1][2]+dp[1][3]=22。最后 1 个数是 24，不需要计算，结果多计算了 1 个数 00，需要减 1，所以在 1～24 中既不包含"4"也不包含"62"的数有 21 个。

2. 记忆化递归

记忆化递归指在求解时把中间结果记录下来，若某一项的值已经有解，则直接返回，不需要重新计算，从而大大减少计算量。记忆化递归和动态规划（查表法）有异曲同工之妙。

例如，求解斐波那契数列的记忆化递归算法如下：

```
long long fac(int n){
    if(f[n]>0) //记忆化递归，避免重复运算
        return f[n];
    if(n==1||n==2) return f[n]=1;
    return f[n]=fac(n-1)+fac(n-2);
}
```

本题考虑另一种枚举方式，从最高位开始往下枚举，在必要时控制上界。

例如，在枚举[0,386]区间的所有数时，首先从百位开始枚举，百位可能是 0、1、2、3。

- 百位 0：十位和个位都可以是 0～9，枚举没有限制，因为当百位是 0 时，后面的位数无论是多少，都不可能超过 386，相当于枚举 000～099。
- 百位 1：十位和个位都可以是 0～9，枚举没有限制，枚举 100～199。
- 百位 2：十位和个位都可以是 0～9，枚举没有限制，枚举 200～299。
- 百位 3：十位只可以是 0～8，否则会超过 386。当十位是 0～7 时，个位可以是 0～9，因为 379 不超过 386。但当十位是 8 时，个位只可以是 0～6，此时

有上界限制，相当于枚举 300～379、380～386。

需要关注以下几个问题。

（1）记忆化。枚举[0,386]区间的所有数，当百位是 0～2 时，对十位和个位的枚举没有限制，都是一样的，用记忆化递归，只需计算一次并将结果存储起来，下次判断若已赋值，则直接返回该值即可。当百位是 3 时，将十位限制为 0～8；当十位是 0～7 时，对个位无限制；当十位是 8 时，将个位限制为 0～6。当有限制时，不可以用记忆化递归，继续根据限制枚举。

（2）上界限制。当高位枚举刚好达到上界时，紧接着的下一位枚举就有上界限制了。可以设置一个变量 limit 来控制上界限制。

（3）对高位枚举 0。为什么需要对高位枚举 0？这是因为对百位枚举 0 相当于此时枚举的这个数最多是两位数，若对十位继续枚举 0，则枚举的是一位数。枚举小于或等于 386 的数，一位数、两位数当然也比它小，所以对高位要枚举 0。

（4）前导 0。有时会有前导 0 的问题，可以设置一个变量 lead 来表示有前导 0。例如，统计数字里面 0 的出现次数。若有前导 0，例如 008，数字 8 不包含"0"，则不应该统计 8 前面的两个 0。若没有前导 0，例如 108，则应该统计 8 前面的 1 个 0。

用记忆化递归求解时的算法设计如下。

状态表示：dp[pos][sta]表示当前第 pos 位在 sta 状态下满足条件的元素数量，sta 表示前一位是否是 6，只有 0 和 1 两种状态。

实现代码如下：

```
if(sta&&i==2) continue;
if(i==4) continue;
ans+=dfs(pos-1,i==6,limit&&i==len);//dfs(int pos,bool sta,bool limit)
```

临界条件：若 pos=0，则返回 1。

记忆化搜索：若没有限制且已求解，则直接返回，无须递归。

示例：统计[0,24]区间既不包含"4"也不包含"62"的数有多少个，过程如下。

（1）数字分解：num[1]=4，num[2]=2。

（2）从高位开始，当前位是 2，前面 1 位不是 6，有限制，即 len=num[2]=2，枚举 $i=0,1,\cdots,2$，递归求解。

- $i=0$：以 0 开头的一位数，无限制，len=9，枚举 $i=0,1,\cdots,9$，包含 00～09，去掉 04，dp[1][0]=9。
- $i=1$：以 1 开头的一位数，无限制且 dp[1][0]已被赋值，直接返回 9。
- $i=2$：以 2 开头的一位数，有限制，len=num[1]=4，执行 $i=0,1,\cdots,4$，包含 20～24，去掉 24，共有 4 个数满足条件。

（3）累加结果，[0,24]区间既不包含"4"也不包含"62"的数有 22 个，返回 22。求解过程如下图所示。

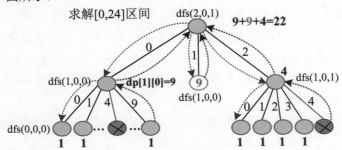

请尝试计算[0,386]区间既不包含"4"也不包含"62"的数有多少个。求解过程如下图所示。

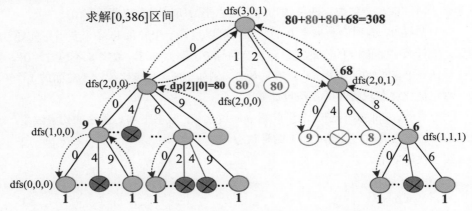

图中无填充色的节点均已有解，直接读取结果，无须再递归求解，这正是记忆化递归的妙处，可大大提高算法效率。

算法代码：

```
int dfs(int pos,bool sta,bool limit){
    if(pos==0) return 1;
    if(!limit&&dp[pos][sta]!=-1) return dp[pos][sta];
    int len=limit?a[pos]:9;
    int ans=0;
    for(int i=0;i<=len;i++){
        if(sta&&i==2)continue;
        if(i==4) continue;//都保证了枚举的合法性
        ans+=dfs(pos-1,i==6,limit&&i==len);
    }
    if(!limit) dp[pos][sta]=ans;
    return ans;
```

```
}

int solve(int x){//求解[0,x]区间满足条件的元素数量
    int pos=0;
    while(x){
        a[++pos]=x%10;
        x/=10;
    }
    return dfs(pos,0,1);//若不包含 0，则此处减 1 即可
}
```

训练 2　定时炸弹

题目描述（HDU3555）：反恐人员在尘土中发现了一枚定时炸弹，但这次恐怖分子改进了定时炸弹。定时炸弹的数字序列为 $1 \sim n$。若当前数字序列包括子序列"49"，则爆炸会增加一个力量点。反恐人员已经知道了数字 n，他们想知道最终的力量点。

输入：第 1 行为 1 个整数 T（$1 \leqslant T \leqslant 10\,000$），表示测试用例的数量。对于每个测试用例，都有 1 个整数 n（$1 \leqslant n \leqslant 2^{63}-1$）作为描述。

输出：对于每个测试用例，都输出 1 个整数，表示最终的力量点。

输入样例	输出样例
3	0
1	1
50	15
500	

提示：因为[1,500]区间包含"49"的数是 49、149、249、349、449、490、491、492、493、494、495、496、497、498、499，所以答案是 15。

题解：本题求解[1, n]区间包含"49"的数有多少个，为典型的数位 DP 问题。

1．算法设计

可以用两种方法求解：直接求解包含"49"的数有多少个，或者求解不包含"49"的数有 ans 个（不包括 0），之后输出 n−ans 即可。第 2 种方法在前面已讲解，这里不再赘述。本节介绍第 1 种方法。

状态表示：dp[pos][sta]表示当前第 pos 位在 sta 状态下满足条件的数量，sta 表示前一位是否是 4，只有 0 和 1 两种状态。

状态转移方程：若前一位是 4 且当前位是 9，则在有限制时累加 $n\%z[pos-1]+1$，在无限制时累加 z[pos−1]。实现代码如下：

```
if(sta&&i==9)
  ans+=limit?n%z[pos-1]+1:z[pos-1];
```

z[pos]表示10^{pos}，若无限制，则在"49"后面有多少位，就累加 z[pos−1]的数量。例如，计算[1,500]区间包含"49"的数有多少个，在最后一次枚举时"49"后面还有 1 位数，则累加 10 个包含"49"的数，分别为490～499。若有限制，则先求解出"49"后面的数字再加 1。例如，计算[1,496]区间包含"49"的数有多少个，在最后一次枚举时"49"后面的数是 6，则累加 6+1 个包含"49"的数，即490～496。

临界条件：当 pos=0 时，返回 0。

记忆化搜索：若没有限制且已被赋值，则直接返回该值，无须再递归求解。

示例 1：计算[1,500]区间包含"49"的数有多少个，过程如下。

（1）数字分解：dig[1]=0，dig[2]=0，dig[3]=5。

（2）从高位开始，当前位是 3，前面 1 位不是 4，有限制。len=dig[3]=5，枚举 $i=0,1,\cdots,5$。

- $i=0$：以 0 开头的两位数，无限制，len=9，枚举 $i=0,1,\cdots,9$，只有一个数包含 "49"，即 049，dp[2][0]=1。
- $i=1$：以 1 开头的两位数，无限制且 dp[2][0]已被赋值，返回该值，即 149。
- $i=2$：以 2 开头的两位数，无限制且 dp[2][0]已被赋值，返回该值，即 249。
- $i=3$：以 3 开头的两位数，无限制且 dp[2][0]已被赋值，返回该值，即 349。
- $i=4$：以 4 开头的两位数，无限制，len=9，枚举 $i=0,1,\cdots,9$。当 $i=4$ 时，向下找到一个解 49，即 449；当 $i=9$ 时，累加 10 个解，即 490～499。dp[2][1]=11。
- $i=5$：以 5 开头的两位数，有限制，len=dig[2]=0，执行 $i=0$，递归求解。当 pos=0 时，返回 0。

（3）累加结果，[1,500]区间包含"49"的数有 15 个，返回 15。求解过程如下图所示。

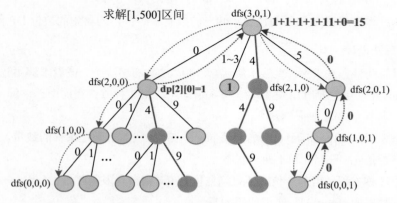

示例 2：计算[1,496]区间包含"49"的数有多少个，求解过程如下图所示。

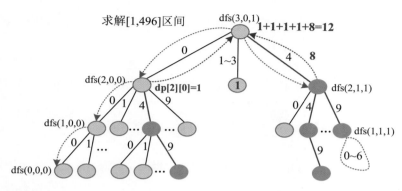

2. 算法实现

```
typedef long long LL;//注意: 本题的数据类型为long long
int dig[N];
LL dp[N][2],z[N],n;
//dp[pos][sta]表示当前第pos位在sta状态下满足条件的数量, sta表示前一位是否是4, 只有0和1
//两种状态
LL dfs(int pos,bool sta,bool limit){//求解包含"49"的数量
    if(!pos) return 0;
    if(!limit&&dp[pos][sta]!=-1) return dp[pos][sta];
    int len=limit?dig[pos]:9;
    LL ans=0;
    for(int i=0;i<=len;i++){
        if(sta&&i==9)
            ans+=limit?n%z[pos-1]+1:z[pos-1];
        else
            ans+=dfs(pos-1,i==4,limit&&i==len);
    }
    if(!limit) dp[pos][sta]=ans;
    return ans;
}

LL solve(LL x){//求解[1,x]区间满足条件的数量
    int pos=0;
    while(x){
        dig[++pos]=x%10;
        x/=10;
    }
    return dfs(pos,0,1);
}
```

8.2 插头 DP

插头 DP 是一种特殊的状态压缩 DP, 又被称为"轮廓线 DP", 通常用于解决二维

空间的状态压缩问题，且每个位置的取值仅与邻近的几个位置有关，适用于解决超小数据范围、网格图、连通性等问题。

插头：一个方格通过某些方向与另一个方格相连，这些连接的位置被称为"插头"。可以这样理解，网格图中的每个方格都是一块拼图，两块拼图之间的接口就是插头。

轮廓线：若从左上角开始处理，则灰色表示已确定状态，白色表示未确定状态，已确定状态和未确定状态之间的分界线被称为"轮廓线"。若按行从左向右逐格求解，则 x 位置是当前待确定状态的方格。处理 x 位置的方案仅与上一状态有关。

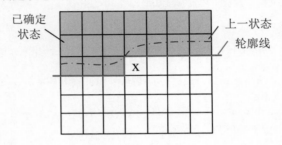

✏️ **训练 1　铺砖**

题目描述（POJ2411）：荷兰著名画家蒙德里安着迷于铺砖游戏，梦想着用不同的方式将高宽比为 1 : 2 的小矩形砖铺满一个大矩形。

求解将小矩形砖铺满大矩形（其大小也是整数值）的铺砖方案数。

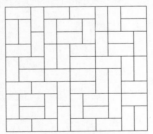

输入：输入几个测试用例。每个测试用例都由大矩形的高度 h 和宽度 w 两个整数组成（$1 \leqslant h, w \leqslant 11$）。以输入 2 个 0 表示输入结束。

输出：对于每个测试用例，都输出用 1×2 的小矩形砖铺满给定大矩形的铺砖方案数，假设给定的大矩形是定向的，即对称的铺砖方案是不同的。

输入样例	输出样例
1 2	1
1 3	0
1 4	1
2 2	2
2 3	3
2 4	5
2 11	144
4 11	51205
0 0	

1. 算法设计

对本题可以用普通状态压缩或插头 DP 求解。在此用插头 DP 求解。

状态表示：将高度为 h、宽度为 w 的大矩形看作 $h \times w$ 的方格，用 m 位二进制数 S 表示方格的状态压缩，二进制位 1 表示小矩形砖的上半部分，二进制位 0 表示其他情况。因为当前状态的方案数只与上一状态有关，所以两个数组可以滚动使用（用后交换）。

- next[S]表示待确定的方格在 S 状态下的铺砖方案数。
- cur[S]表示前一个已确定的方格在 S 状态下的铺砖方案数。

对当前位置(i,j)分为不放置小矩形砖和放置小矩形砖两种情况。

（1）不放置小矩形砖。当前状态的第 j 列为 1，表示小矩形砖的上半部分，当前位置不放置小矩形砖，相当于留下一个插头，等待在下一状态放置小矩形砖。其上一行第 j 列一定为 0，表示已放置小矩形砖。当前位置的铺砖方案数等于上一状态第 j 列为 0 的铺砖方案数。状态转移方程：next[S]=cur[S&~(1<<j)]。

⚠ **注意** 插头可以向下或向右，为了简单起见，在后面的图中全部用向下的插头表示。

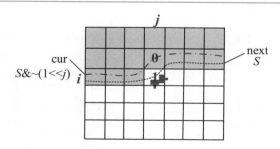

（2）放置小矩形砖。当前状态的第 j 列为 0，有横放和竖放两种情况，累加两种情况下的铺砖方案数。

- 横放：当前状态的第 $j+1$ 列为 0（没有给下一状态留插头），上一状态的第 $j+1$ 列为 1。当前位置的铺砖方案数等于上一状态第 $j+1$ 列为 1 的铺砖方案数。状态转移方程：tmp+=cur[S|1<<(j+1)]。

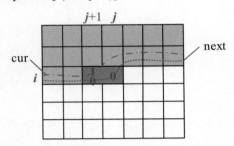

- 竖放：当前位置的铺砖方案数等于上一状态第 j 列为 1 的铺砖方案数。状态转移方程：tmp+= cur[S|1<<j]。累加后的结果赋值：next[S]=tmp。

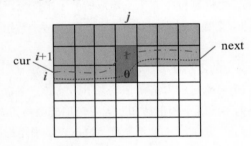

边界条件为 cur[0]=1。

2. 完美图解

求解将 1×2 的小矩形砖铺满 2×3 的大矩形的铺砖方案数。

（1）初始化，cur[000]=1，即第 1 行上面的状态为 000，没有放置小矩形砖。其他状态下的铺砖方案数为 0。

（2）i=1，j=2。

- 在 next 状态为 100 时，第 j 位为 1，不放置小矩形砖，next[100]=cur[000]=1。

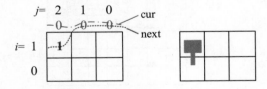

- 在 next 状态为其他情况时，铺砖方案数均为 0。

两个轮廓线数组交换，swap(cur,next)，交换后 cur[100]=1，其他状态下的铺砖方案数为 0。

（3）$i=1$，$j=1$。

- 在 next 状态为 000 时，第 j 位为 0，横放小矩形砖，next[000]=cur[100]=1。

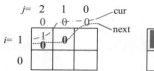

- 在 next 状态为 110 时，第 j 位为 1，不放置小矩形砖，next[110]=cur[100]=1。

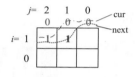

- 在 next 状态为其他情况时，铺砖方案数均为 0。

两个轮廓线数组交换，之后 cur[000]=1，cur[110]=1，其他状态下的铺砖方案数为 0。

（4）$i=1$，$j=0$。

- 在 next 状态为 001 时，第 j 位为 1，不放置小矩形砖，next[001]=cur[000]=1。

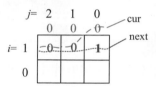

- 在 next 状态为 100 时，第 j 位为 0，横放小矩形砖，next[100]=cur[110]=1。

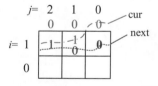

- 在 next 状态为 111 时，第 j 位为 1，不放置小矩形砖，next[111]=cur[110]=1。

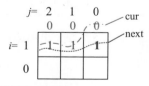

- 在 next 状态为其他情况时，铺砖方案数均为 0。

两个轮廓线数组交换，之后 cur[001]=1，cur[100]=1，cur[111]=1，其他状态下的铺砖方案数为 0。

（5）i=0，j=2。

- 在 next 状态为 000 时，第 j 位为 0，竖放小矩形砖，next[000]=cur[100]=1。

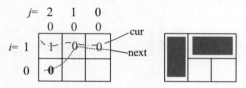

- 在 next 状态为 011 时，第 j 位为 0，竖放小矩形砖，next[011]=cur[111]=1。

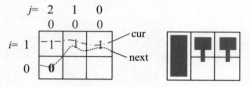

- 在 next 状态为 101 时，第 j 位为 1，不放置小矩形砖，next[101]=cur[001]=1。

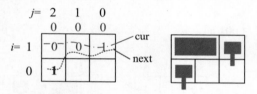

两个轮廓线数组交换，之后 cur[000]=1，cur[011]=1，cur[101]=1，其他状态下的铺砖方案数为 0。

（6）i=0，j=1。

- 在 next 状态为 001 时，第 j 位为 0，分为横放和竖放两种情况。累加结果，next[001]=cur[101]+cur[011]=2。

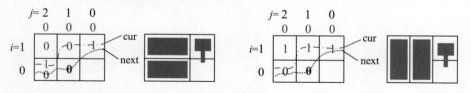

- 在 next 状态为 010 时，第 j 位为 1，不放置小矩形砖，next[010]=cur[000]=1。

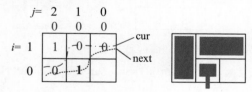

- 在 next 状态为 111 时，第 j 位为 1，不放置小矩形砖，next[111]=cur[101]=1。

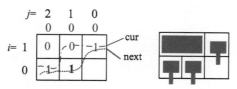

两个轮廓线数组交换，之后 cur[001]=2，cur[010]=1，cur[111]=1，其他状态下的铺砖方案数为 0。

（7）$i=0$，$j=0$。

- 在 next 状态为 000 时，第 j 位为 0，分为横放和竖放两种情况，横放的情况如下图所示。

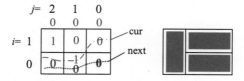

- 竖放有两种方案，如下图所示。累加结果，next[000]=cur[010]+cur[001]=3。

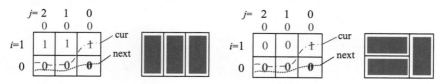

- 在 next 状态为 011 时，第 j 位为 1，不放置小矩形砖，next[011]=cur[010]=1。

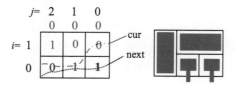

- 在 next 状态为 110 时，第 j 位为 0，竖放，next[110]=cur[111]=1。

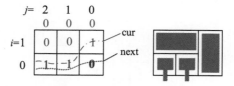

两个轮廓线数组交换，之后 cur[000]=3，cur[011]=1，cur[110]=1，其他状态下的铺砖方案数为 0。

（8）此时，cur[000]表示最后一行放置完毕的铺砖方案数，铺砖方案数=cur[000]=3。

3．算法实现

```
LL dp[2][1<<12]; //二维滚动数组
LL *cur,*next;
cur=dp[0];next=dp[1];
cur[0]=1;
for(int i=n-1;i>=0;i--)
    for(int j=m-1;j>=0;j--){
        for(int S=0;S<(1<<m);S++){
            if((S>>j)&1)//若不放置小矩形砖，则直接进行状态转移
                next[S]=cur[S&~(1<<j)];
            else{
                LL tmp=0;//坑点！不要将数据随意定义为int类型
                if(j+1<m&&!(S>>(j+1)&1))//尝试横放
                    tmp+=cur[S|1<<(j+1)];
                if(i+1<n)//尝试竖放
                    tmp+=cur[S|1<<j];
                next[S]=tmp;
            }
        }
        swap(cur,next);
    }
printf("%lld\n",cur[0]);
```

✏️ 训练2　多回路连通性问题

题目描述（HDU1693）：在古代的防御游戏中，普吉的队友给了他一个新的任务"吃树"。树都在 $n×m$ 的方格中，在每个方格中要么只有一棵树，要么什么都没有。普吉需要做的是"吃掉"方格中的所有树。他必须遵守几条规则：①必须通过选择一条回路来"吃掉"这些树，之后"吃掉"所选回路中的所有树；②没有树的方格是不可被访问的，例如，在选择的回路通过的每个方格中都必须有树，选择回路时，回路上方格中的树将消失；③可以选择一条或多条回路来"吃掉"这些树。有多少种方法可以"吃掉"这些树？在下图中为 $n=6$ 和 $m=3$ 给出了 3 个样本（灰色方格表示在方格中没有树，粗体黑线表示选择的回路）。

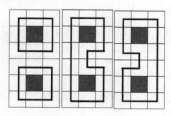

输入：第 1 行是测试用例数 T（$T \leqslant 10$）。每个测试用例的第 1 行都为整数 n 和 m

（$1 \leqslant n, m \leqslant 11$）。在接下来的 n 行中，每行都为 m 个数字（0 或 1），0 表示没有树的方格，1 表示只有一棵树的方格。

输出：对于每个测试用例，都单行输出有多少种方法可以"吃掉"这些树，方法数不超过 $2^{63}-1$。

输入样例	输出样例
2	Case 1: There are 3 ways to eat the trees.
6 3	Case 2: There are 2 ways to eat the trees.
1 1 1	
1 0 1	
1 1 1	
1 1 1	
1 0 1	
1 1 1	
2 4	
1 1 1 1	
1 1 1 1	

1．算法设计

本题为多回路连通性问题，求解经过所有可行方格一次的回路方案数，允许有多条回路。因为本题不要求只有一条回路，所以不需要考虑连通分量合并的问题，逐格递推即可。

状态表示：将方格的状态用 $m+1$ 位二进制数压缩为 S，二进制位 1 表示有插头，二进制位 0 表示没有插头。当前方格状态的方案数仅与上一状态有关，可用滚动数组求解，初始时 pre=0，now=1，用后交换。

- dp[pre][S] 表示前一个已确定的方格在 S 状态下的方案数。
- dp[now][S] 表示待确定的方格在 S 状态下的方案数。

在对当前位置 x 进行求解时，只有两位与上一状态不同，其他位均相同。在进行状态转移时，只处理这两位即可。注意：状态表示从右向左，右侧为高位，如下图所示。

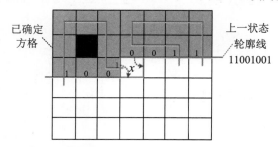

状态转移：对状态转移可分为以下 3 种情况讨论。

（1）在当前方格中没有树，不可行，原状态不变。若在当前方格的左侧、上侧都没有插头，则新的状态也没有插头，直接累加上一次的结果即可。

```
if(!p&&!q) dp[now][S]+=dp[pre][S];
```

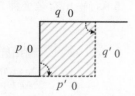

（2）在当前方格中有树，在当前方格的左侧或上侧只有一个插头，原状态不变。若当前方格只有左插头，则新的状态为下插头；若当前方格只有上插头，则新的状态为右插头；原状态不变，直接累加上一次的结果即可。

```
if(p^q)//有一个为1，一个为0
    dp[now][S]+=dp[pre][S];//原状态不变
```

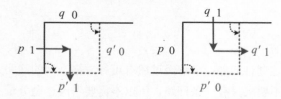

（3）在当前方格中有树，将原状态的第 j、$j+1$ 位取反即可得到新的状态，直接累加上一次的结果即可，共有 4 种状态。

```
int j0=1<<j;//第j位为1，其他位为0
int j1=j0<<1; //第j+1位为1，其他位为0
dp[now][S^j0^j1]+=dp[pre][S];//第j、j+1位的相反状态
```

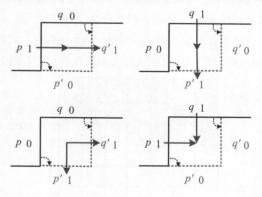

2. 换行处理

在一行处理完毕进入下一行时，需要做换行预处理。因为按方格处理，所以在处理完一行的最后一个方格时，最后的状态应该左移一位，作为上一状态继续处理下一

行，如下图所示。

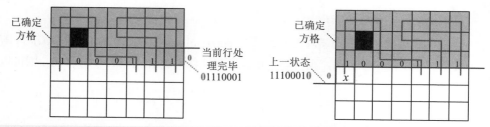

```
    memset(dp[now],0,sizeof(dp[now]));//为处理下一行做准备
    for(int S=0;S<total/2;S++)//处理完一行后，S状态最大为0111...1
        dp[now][S<<1]=dp[pre][S];//S<<1表示S状态左移一位
    swap(pre,now);//交换后的pre是处理后的结果，为处理下一行做准备
```

3. 算法实现

```c
void solve(){
    int total=1<<(m+1);
    int pre=0,now=1;
    memset(dp[pre],0,sizeof(dp[pre]));
    dp[pre][0]=1;
    for(int i=0;i<n;i++){
        for(int j=0;j<m;j++){
            scanf("%d",&v);
            memset(dp[now],0,sizeof(dp[now]));
            int j0=1<<j;
            int j1=j0<<1;
            for(int S=0;S<total;S++){
                bool p=S&j0,q=S&j1;//前一个方格的左侧和上侧的状态分别为p、q
                if(v==0){//障碍物，不可行
                    if(!p&&!q)
                        dp[now][S]+=dp[pre][S];
                }else{
                    if(p^q)//一个为1，一个为0
                        dp[now][S]+=dp[pre][S];//原状态不变
                    dp[now][S^j0^j1]+=dp[pre][S];//相反状态
                }
            }
            swap(pre,now);//处理完一个方格后交换
        }
        memset(dp[now],0,sizeof(dp[now]));//为处理下一行做准备
        for(int S=0;S<total/2;S++)//处理完一行后，S状态最大为0111...1
            dp[now][S<<1]=dp[pre][S];
        swap(pre,now);//交换后的pre是处理后的结果，为处理下一行做准备
    }
    ans=dp[now][0];
}
```

8.3 斜率优化

当动态规划算法的状态转移方程形式为 dp[i]=min(dp[j]+f(i,j)), L(i)≤j≤R(i)时，若 f(i,j)仅与 i、j 中的一个有关，则可以用单调队列优化；若 f(i,j)与 i、j 均有关，则可以用斜率优化。

✏️ 训练 1 打印文章

题目描述（HDU3507）：小明要打印一篇有 n 个单词的文章。每个单词 i 都有一个打印成本 c_i。在一行中打印 k 个单词要花费的成本为 $\left(\sum_{i=1}^{k} c_i\right)^2 + m$，其中 m 是常量。他想知道打印文章的最小成本。

输入：输入多个测试用例。每个测试用例的第 1 行都为 2 个整数 n 和 m（0≤n≤500 000，0≤m≤1 000）。在接下来的 2～n+1 行中有 n 个整数，表示 n 个单词的打印成本。

输出：单行输出打印文章的最小成本。

输入样例	输出样例
5 5	230
5	
9	
5	
7	
5	

1. 算法设计

本题求解打印文档的最小成本，需要考虑在哪个地方换行，可以用动态规划解决。

状态表示：dp[i]表示打印前 i 个单词的最小成本；s[i]表示前 i 个单词的打印成本之和。

状态转移：若前面已打印了 j 个单词，当前行正在打印第 j+1～i 个单词，则 dp[i] 等于打印前 j 个单词的最小成本加上当前行打印第 j+1～i 个单词的成本。dp[i]=min(dp[j]+(s[i]−s[j])²)+m，0≤j<i。

若枚举所有状态，则时间复杂度为 $O(n^2)$，$n=500\ 000$，$n^2=2.5\times10^{11}$，显然会超时。状态转移方程与 i、j 均有关，包含 i、j 有关的乘积，因此考虑斜率优化。整理状态转移方程，得到 $dp[i]=\min(dp[j]+s[i]^2-2\times s[i]\times s[j]+s[j]^2)+m$。

把仅与 j 有关的项放到等号左侧，把与 i、j 的乘积有关的项放到等号右侧，把常数和仅与 i 有关的项也放到等号右侧，得到 $dp[j]+s[j]^2=2\times s[i]\times s[j]+dp[i]-s[i]^2-m$。

此时可以将上面的公式看作 $y=kx+b$ 的线性表示，$y=dp[j]+s[j]^2$，$x=s[j]$，$k=2\times s[i]$，$b=dp[i]-s[i]^2-m$。其中，x 为横坐标，y 为纵坐标。

对一个确定的 i 来说，斜率 k 是定值，b 也是定值，每个决策 j 都对应坐标系中的一个点 $(s[j],\ dp[j]+s[j]^2)$，如何从众多决策点中找到线性方程的最小值呢？只需将该直线自下而上平移，该直线第 1 次接触到的决策点可以使 y 的值最小，此时截距 b 也最小，因为 $b=dp[i]-s[i]^2-m$，$s[i]^2$ 和 m 为定值，所以在 b 最小时，$dp[i]$ 也必然最小。

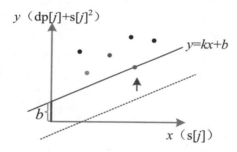

对于任意 3 个决策 $j_1<j_2<j_3$，对应的 x 坐标 $s[j]$ 表示前 j 个单词的成本和，成本均为正数，所以 $s[j_1]<s[j_2]<s[j_3]$。考虑 j_2 是否有可能成为最优决策：若从 j_1 到 j_2 的线段与从 j_2 到 j_3 的线段形成上凸形状，则无论直线的斜率是多少，都不可能最先接触 j_2 决策点，所以 j_2 不是最优决策，可以排除。若线段 $j_1{\to}j_2$ 与线段 $j_2{\to}j_3$ 形成下凸形状，则 j_2 有可能成为最优决策。如下图所示，j_1 代指坐标点 $(s[j_1],\ dp[j_1]+s[j_1]^2)$，其他点类似。

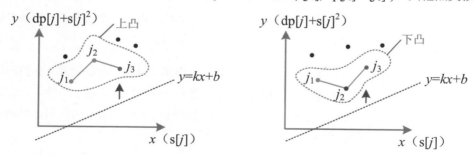

形成下凸形状的条件是线段 $j_1{\to}j_2$ 的斜率小于线段 $j_2{\to}j_3$ 的斜率，维护相邻两个节点之间的线段斜率单调递增即可保证下凸性。相邻两个节点之间的线段斜率单调递增的决策点集合被称为 "下凸壳"，下凸壳上的点才有可能成为最优决策。对于直线

$y=kx+b$，若某个下凸点左侧线段的斜率比 k 小，右侧线段的斜率比 k 大，则该下凸点必为最优决策，因为直线在自下而上平移时必先接触到该点。

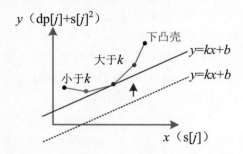

在本题中，$0 \leqslant j < i$，当 i 加 1 时，j 也加 1，可以省略 j，在枚举 i 时再用单调队列维护即可。用单调队列时需要注意以下两个问题。

（1）处理过时决策。本题斜率 $k=2 \times s[i]$，$s[i]$ 为打印成本的前缀和，成本为非负数，因此 k 随着 i 的递增而单调递增。当前最优决策左侧的点已过时，因为下一条直线的斜率更大，向上平移最先接触到的点不可能是这些点，所以每次都将相邻两个节点之间的线段斜率小于或等于 k 的过时决策出队。此时队头就是最优决策，如下图所示。

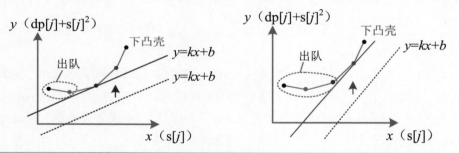

⚠️ **注意**　若 k 不满足单调性，则不可以直接让小于或等于 k 的决策点出队，队头也不一定是最优决策。需要在单调队列中进行二分查找，找到一个位置 p，若 p 左侧线段的斜率比 k 小，右侧线段的斜率比 k 大，p 就是最优决策。

（2）维护下凸壳。因为横坐标 $s[j]$ 随着 j 的递增而单调递增，新的决策 i 必然出现在下凸壳的最右端，所以检查队尾的两个节点和第 i 个节点是否满足下凸性，若不满足，则队尾出队，直到满足下凸性，将 i 放入单调队列的尾部，如下图所示。单调队列按照横坐标递增，维护相邻两个节点之间的线段斜率递增的下凸壳。

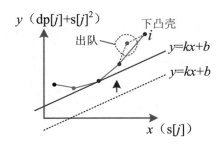

算法求解步骤如下。

（1）枚举 $i=1,2,\cdots,n$，$k=2\times s[i]$。

（2）检查单调队列中与队头相邻的两个节点之间的线段斜率，若该斜率小于或等于 k，则队头出队，直到该斜率大于 k 时为止。

（3）取队头 j 为最优决策，根据状态转移方程 $dp[i]=dp[j]+(s[i]-s[j])^2+m$ 计算 $dp[i]$。

（4）将新决策 i 放入单调队列。若队尾两个节点和第 i 个点不满足下凸性，则队尾出队，直到满足下凸性，再将 i 放入单调队列的尾部。

（5）最优解为 $dp[n]$。

优化斜率后的时间复杂度为 $O(n)$。

2. 算法实现

```
int GetY(int k1,int k2){
    return dp[k2]+s[k2]*s[k2]-(dp[k1]+s[k1]*s[k1]);
}

int GetX(int k1,int k2){
    return s[k2]-s[k1];
}

int GetVal(int i,int j){
    return dp[j]+(s[i]-s[j])*(s[i]-s[j])+m;
}

int main(){
    while(~scanf("%d%d",&n,&m)){
        s[0]=0;
        dp[0]=0;
        for(int i=1;i<=n;i++){
            scanf("%d",&s[i]);
            s[i]+=s[i-1];
        }
        int head=0,tail=0;
        q[tail++]=0;
        for(int i=1;i<=n;i++) {
```

```
        while(head+1<tail&&GetY(q[head],q[head+1])<=2*s[i]*GetX(q[head],
q[head+1]))
            head++;
        dp[i]=GetVal(i,q[head]);

while(head+1<tail&&GetY(q[tail-1],i)*GetX(q[tail-2],q[tail-1])<=GetY(q[tail-2],q
[tail-1])*GetX(q[tail-1],i))
            tail--;
        q[tail++]=i;
    }
    printf("%d\n",dp[n]);
    }
    return 0;
}
```

✎ 训练 2　批处理作业

题目描述（POJ1180）：有 n 个作业要在一台机器上处理，作业编号为 $1\sim n$。作业序列不得改变，可被划分为一批或多批，其中每批作业都由序列中的连续作业组成。从时间 0 和第 1 批作业开始一批一批地处理作业。依次在机器上处理每批作业，处理完一批作业后，机器立即输出该批作业的处理结果。作业 j 的完成时间是包含作业 j 的那批作业的完成时间。

对每批作业启动机器都需要 S 时间。处理作业 i 的时间为 T_i，处理费用系数为 F_i。若当前批作业为 $x,x+1,\cdots,x+k$，且从时间 t 开始，则该批作业中每个作业的完成时间都为 $t+S+(T_x+T_{x+1}+\cdots+T_{x+k})$。若作业 i 的完成时间为 O_i，则其处理费用为 $O_i\times F_i$。

假设有 5 个作业，启动时间 $S=1$，处理时间 $(T_1,T_2,T_3,T_4,T_5)=(1,3,4,2,1)$，处理费用系数 $(F_1,F_2,F_3,F_4,F_5)=(3,2,3,3,4)$。若将作业分成三批 $\{1,2\}$、$\{3\}$、$\{4,5\}$，则作业的完成时间为 $(5,5,10,14,14)$，处理费用为 $(15,10,30,42,56)$，批处理作业的费用是所有作业处理费用的总和 153。

输入：第 1 行为作业数 n（$1\leqslant n\leqslant 10\,000$），第 2 行为批次启动时间 S（$0\leqslant S\leqslant 50$，S 为整数）。以下 n 行，每行都为 2 个整数，分别表示作业处理时间 T_i 和处理费用系数 F_i（$1\leqslant T_i,F_i\leqslant 100$）。

输出：单行输出批处理作业的最小费用。

输入样例	输出样例
5	153
1	
1 3	
3 2	
4 3	

1．算法设计

本题求解批处理作业的最小费用，可以用动态规划解决。

状态表示：dp[i][j]表示将前 i 个作业分成 j 批进行处理的最小费用。

状态转移：sumT[i]为前 i 个作业的处理时间和，sumF[i]为前 i 个作业的处理费用系数和。若前 k 个作业被分成 $j-1$ 批，则最小费用为 dp[k][$j-1$]，第 $k+1\sim i$ 个作业为第 j 批作业，第 j 批作业的处理费用系数和为 sumF[i]−sumF[k]，第 j 批的完成时间为所有批次作业的启动时间加上前 i 个作业的处理时间和 $S×j$+sumT[i]，第 j 批作业的处理费用为($S×j$+sumT[i])×(sumF[i]−sumF[k])。

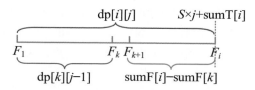

dp[i][j]等于前 k 个作业被分成 $j-1$ 批的最小费用加上第 j 批作业的处理费用。

状态转移方程：dp[i][j]=min(dp[k][j−1]+($S×j$+sumT[i])×(sumF[i]−sumF[k]))，0≤k<i。若枚举状态 i、j、k，则时间复杂度为 $O(n^3)$，n≤10 000，n^3≤10^{12}，显然会超时。

2．算法优化

在状态转移方程中需要枚举前 i 个作业划分的批次 j，否则不知道机器的启动时间是多少。本题并不要求分为多少批，若将批次去掉，则 dp[i]表示处理前 i 个作业的最小费用。前一阶段的最小费用为 dp[j]，当前批作业为第 $j+1\sim i$ 个作业，其启动时间为 S，这个启动时间会被累加到第 $j+1$ 个作业之后的所有作业的完成时间上，有后效性。因为动态规划的适用条件之一是没有后效性，所以需要做一些转化来消除后效性。

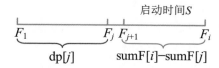

有两种方法可以解决此问题：逆向 DP 和费用提前计算。

1）逆向 DP

因为状态转移有后效性，所以可以考虑通过逆向处理消除后效性。

状态表示：sumT[i]表示第 $i\sim n$ 个作业的处理时间和；sumF[i]表示第 $i\sim n$ 个作业的处理费用系数和；dp[i]表示第 $i\sim n$ 个作业的最小处理费用。状态转移从后向前，前一阶段的最小处理费用为 dp[j]，当前批作业为第 $i{\sim}j{-}1$ 个作业，其启动时间为 S，当前批作业的处理完成时间不仅对当前批作业有影响，还会累加到 j 之后所有作业的完成时间上，所以增加的处理费用为 $(\text{sumT}[i]{-}\text{sumT}[j]{+}S){\times}\text{sumF}[i]$。

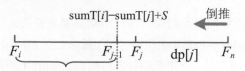

状态转移方程：$\text{dp}[i]{=}\min(\text{dp}[j]{+}(\text{sumT}[i]{-}\text{sumT}[j]{+}S){\times}\text{sumF}[i]),1{\leqslant}i{<}j{\leqslant}n{+}1$。

若枚举状态 i、j，则时间复杂度均为 $O(n^2)$，$n{\leqslant}10\,000$，$n^2{\leqslant}10^8$，仍然超时（时间复杂度为 10^7，可 1 秒通过），考虑能否进行算法优化。整理状态转移方程，把仅与 j 有关的项放到等号左侧，把与 i、j 乘积有关的项放到等号右侧，把常数和仅与 i 有关的项也放到等号右侧，得到 $\text{dp}[j]{=}\text{sumF}[i]{\times}\text{sumT}[j]{+}\text{dp}[i]{-}(\text{sumT}[i]{+}S){\times}\text{sumF}[i]$。

可以将上面的公式看作 $y{=}kx{+}b$ 的线性表示，$y{=}\text{dp}[j]$，$x{=}\text{sumT}[j]$，$k{=}\text{sumF}[i]$，$b{=}\text{dp}[i]{-}(\text{sumT}[i]{+}S){\times}\text{sumF}[i]$，其中，$x$ 为横坐标，y 为纵坐标。

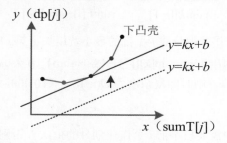

在本题中，$1{\leqslant}i{<}j{\leqslant}n{+}1$，当 i 减 1 时，j 也减 1，可以省略 j，在枚举 i 时再用单调队列维护即可。单调队列按照横坐标递增，维护相邻两个节点之间的线段斜率递增的下凸壳。斜率优化后的时间复杂度为 $O(n)$。

算法求解过程如下。

（1）逆向枚举 $i{=}n,n{-}1,{\cdots},2,1$，斜率 $k{=}\text{sumF}[i]$。

（2）检查单调队列中与队头相邻的两个节点之间的线段斜率，若该斜率小于或等于 k，则队头出队，直到该斜率大于 k 时为止。

（3）取队头 j 为最优决策，根据状态转移方程计算 dp[i]。

（4）将新决策 i 放入单调队列。若队尾两个节点和第 i 个节点不满足下凸性，则队尾出队，直到满足下凸性，再将 i 放入单调队列的尾部。

（5）最优解为 dp[1]。

算法代码：

```
int GetY(int k1,int k2){
    return dp[k2]-dp[k1];
}

int GetX(int k1,int k2){
    return sumt[k2]-sumt[k1];
}

int GetVal(int i,int j){
    return dp[j]+(s+sumt[i]-sumt[j])*sumf[i];
}

int main() {
    while(~scanf("%d",&n)){
        scanf("%d",&s);
        for(int i=1;i<=n;i++)
            scanf("%d%d",&t[i],&f[i]);
        sumt[n+1]=sumt[n+1]=0;
        for(int i=n;i>=1;i--){
            sumt[i]=sumt[i+1]+t[i];
            sumf[i]=sumf[i+1]+f[i];
        }
        int head=0,tail=0;
        q[tail++]=n+1;
        dp[n+1]=0;
        for(int i=n;i>=1;i--) {
            while(head+1<tail && GetY(q[head],q[head+1])<=GetX(q[head],
q[head+1])*sumf[i])
                head++;
            dp[i]=GetVal(i,q[head]);
            while(head+1<tail && GetY(q[tail-1],i)*GetX(q[tail-2],
q[tail-1])<=GetY(q[tail-2],q[tail-1])*GetX(q[tail-1],i))
                tail--;
            q[tail++]=i;
        }
        printf("%d\n",dp[1]);
    }
    return 0;
}
```

2）提前计算费用

dp[i]为前 i 个作业的最小处理费用，sumT[i]为前 i 个作业的处理时间和，sumF[i]为前 i 个作业的处理费用系数和。因为不知道上一阶段划分了多少批次，所以无法求

解第 i 个作业的具体完成时间，可以先忽略机器启动时间，只考虑作业完成时间 sumT[i]，之后将当前批的启动时间 S 累加到 j 之后的所有作业的处理费用中，提前计算处理费用，把处理费用累加到答案中。

状态转移方程：dp[i]=min(dp[j]+sumT[i]×(sumF[i]−sumF[j])+S×(sumF[n]−sumF[j]))，$0{\leq}j{<}i$。

若枚举状态 i、j，则时间复杂度均为 $O(n^2)$，$n^2{\leq}10^8$，仍然超时。整理状态转移方程，把仅与 j 有关的项放到等号左侧，把与 i、j 乘积有关的项放到等号右侧，把常数和仅与 i 有关的项也放到等号右侧，得到 dp[j]=(S+sumT[i])×sumF[j]+dp[i]−sumT[i]×sumF[i]−S×sumF[n]。

可以将上面的公式看作 $y=kx+b$ 的线性表示，y=dp[j]，x=sumF[j]，$k=S$+sumT[i]，b=dp[i]−sumT[i]×sumF[i]−S×sumF[n]。其中，x 为横坐标，y 为纵坐标。

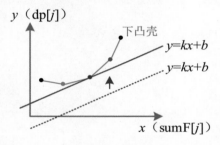

在本题中，$0{\leq}j{<}i$，当 i 加 1 时，j 也加 1，可以省略 j，在枚举 i 时再用单调队列维护即可。单调队列按照横坐标递增，维护相邻两个节点斜率递增的下凸壳。斜率优化后的时间复杂度为 $O(n)$。

算法求解步骤如下。

（1）枚举 $i=1,2,\cdots,n$，斜率 $k=S$+sumT[i]。

（2）检查单调队列中与队头相邻的两个节点之间的线段斜率，若该斜率小于或等于 k，则队头出队，直到该斜率大于 k 时为止。

（3）取队头 j 为最优决策，根据状态转移方程计算 dp[i]。

（4）将新决策 i 放入单调队列。若队尾两个节点和第 i 个节点不满足下凸性，则队尾出队，直到满足下凸性，再将 i 放入单调队列的尾部。

（5）最优解为 dp[n]。

算法代码：

```
int GetY(int k1,int k2){
    return dp[k2]-dp[k1];
}
```

```
int GetX(int k1,int k2){
    return sumf[k2]-sumf[k1];
}


int GetVal(int i,int j){
    return dp[j]+sumt[i]*(sumf[i]-sumf[j])+s*(sumf[n]-sumf[j]);
}


int main() {
    while(~scanf("%d",&n)){
        scanf("%d",&s);
        for(int i=1;i<=n;i++)
            scanf("%d%d",&t[i],&f[i]);
        sumt[0]=sumt[0]=0;
        for(int i=1;i<=n;i++){
            sumt[i]=sumt[i-1]+t[i];
            sumf[i]=sumf[i-1]+f[i];
        }
        int head=0,tail=0;
        q[tail++]=0;
        dp[0]=0;
        for(int i=1;i<=n;i++) {
            while(head+1<tail && GetY(q[head],q[head+1])<=GetX(q[head],
q[head+1])*(s+sumt[i]))
                head++;
            dp[i]=GetVal(i,q[head]);
            while(head+1<tail && GetY(q[tail-1],i)*GetX(q[tail-2],
q[tail-1])<=GetY(q[tail-2],q[tail-1])*GetX(q[tail-1],i))
                tail--;
            q[tail++]=i;
        }
        printf("%d\n",dp[n]);
    }
    return 0;
}
```

8.4 四边不等式优化

下面以如下状态转移方程为例，讲解四边不等式优化。

$$m[i][j] = \begin{cases} 0 & , \quad i=j \\ \min_{i \le k \le j}(m[i][k]+m[k+1][j]+w(i,j)), & i<j \end{cases}$$

四边不等式：当 $w(i,j)$ 满足 $w(i,j)+w(i',j') \le w(i,j')+w(i,j')$，且 $i \le i' \le j \le j'$ 时，称 "w

满足四边形不等式"。

在四边不等式的坐标表示中，$A+C \leqslant B+D$。在四边不等式的区间表示中，w(i,j)+w(i′,j′)≤w(i,j′)+w(i,j′)。

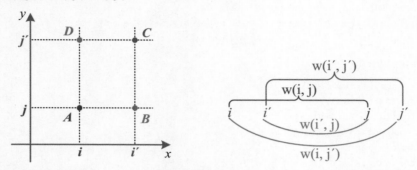

区间包含关系单调：当 w(i,j)满足 w(i′,j)≤w(i,j′)，且 $i \leqslant i′ \leqslant j \leqslant j′$ 时，称"w 关于区间包含关系单调"。

在求解 m[i][j]时，需要枚举 k（$i \leqslant k \leqslant j$），求 m[$i$][$j$]的最小值，最优决策 s[$i$][$j$]指使 m[$i$][$j$]取得最小值的 k。

定理 1：若 w(i,j)满足四边不等式和区间包含关系单调性，则 m[i][j]也满足四边不等式。

定理 2：若 m[i][j]满足四边不等式，则最优决策 s[i][j]具有单调性。

当 m[i][j]满足四边形不等式且 s[i][j]具有单调性时，可以用四边不等式优化。根据 s[i][j]的单调性，得到优化的状态转移方程如下：

$$m[i][j] = \begin{cases} 0 & , \quad i = j \\ \min\limits_{s[i][j-1] \leqslant k \leqslant s[i+1][j]} (m[i][k] + m[k+1][j] + w(i,j)), & i < j \end{cases}$$

暴力枚举算法的时间复杂度为 $O(n^3)$，用四边形不等式优化，限制 k 的取值范围为 s[i][j-1]～s[i+1][j]，s[i][j]表示取得最优解 dp[i][j]的位置，用四边形不等式优化后的时间复杂度为 $O(n^2)$。

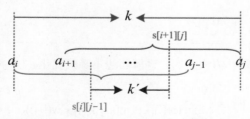

用四边形不等式推出最优决策的单调性，减少了每次状态转移时的状态数，降低了算法的时间复杂度。

训练 划分

题目描述（HDU3480）：给定整数集合 S，若 MIN 是 S 中的最小整数，MAX 是 S 中的最大整数，则将 S 的价值定义为 $(MAX–MIN)^2$。请找出 S 的 m 个子集 $S_1,S_2,\cdots,S_m$，满足 $S_1\cup S_2\cup\cdots\cup S_m=S$，且每个子集的总价值都是最小的。

输入：输入多个测试用例。第 1 行为整数 T，表示测试用例的数量。每个测试用例的第 1 行都为 2 个整数 n（$n\leqslant10\,000$）和 m（$m\leqslant5\,000$），n 表示 S 中的元素数量（可以重复），m 表示子集数量。下一行为 S 中的 n 个整数。

输出：对于每个测试用例，都单行输出最小总价值。

输入样例	输出样例
2	Case 1: 1
3 2	Case 2: 18
1 2 4	
4 2	
4 7 10 1	

1. 算法设计

本题求解将集合划分为 m 个子集的最小总价值，可以用动态规划解决。因为子集价值的定义为子集中的最大值减去最小值的差的平方，所以为了方便处理，可以先对序列进行非递减排序，这样子集中的最后一个元素就是最大值，第 1 个元素就是最小值。

状态表示：$dp[i][j]$ 表示由前 i 个整数分成的 j 个子集的最小总价值。

状态转移：由前 i 个整数分成的 j 个子集的最小总价值分为两部分，分别是前 k 个整数分成的 $j–1$ 个子集的最小总价值 $dp[k][j–1]$，以及最后一个子集的总价值 $(a[i]–a[k+1])^2$。

状态转移方程：$dp[i][j]=\min(dp[k][j-1]+(a[i]-a[k+1])^2,\ 0\leqslant k<i$。

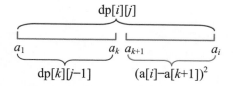

若枚举状态 i、j、k，则时间复杂度为 $O(mn^2)$，$n\leqslant10\,000$，$m\leqslant5\,000$，$mn^2\leqslant5\times10^{11}$，算法超时。

根据状态转移方程 $dp[i][j]=\min(dp[k][j-1]+(a[i]-a[k+1])^2)$，$0\leqslant k<i$，若 $w(i,j)=(a[j]-a[i])^2$ 满足四边不等式和区间包含关系单调性，则可以用四边不等式优化算法。

1）四边不等式

证明：w(i,j−1)+w(i+1,j)≤w(i,j)+w(i+1,j−1)

$(a[j-1]-a[i])^2+(a[j]-a[i+1])^2 \leq (a[j]-a[i])^2+(a[j-1]-a[i+1])^2$

$-2 \times a[j-1] \times a[i]-2 \times a[j] \times a[i+1] \leq -2 \times a[j] \times a[i]-2 \times a[j-1] \times a[i+1]$

$-2 \times a[j-1] \times a[i]-2 \times a[j] \times a[i+1]+2 \times a[j] \times a[i]+2 \times a[j-1] \times a[i+1] \leq 0$

$2 \times a[i+1] \times (a[j-1]-a[j])-2 \times a[i] \times (a[j-1]-a[j]) \leq 0$

$2 \times (a[i+1]-a[i]) \times (a[j-1]-a[j]) \leq 0$

因为 a[i+1]−a[i]≥0，a[j−1]−a[j]≤0，所以上述不等式成立。

2）区间包含关系单调性

证明：w(i+1,j−1)≤w(i,j)

$(a[j-1]-a[i+1])^2 \leq (a[j]-a[i])^2$，根据序列的有序性，a[j]−a[i]的值必大于或等于a[j−1]−a[i+1]，满足区间包含关系单调性。

因为 $w(i,j)=(a[j]-a[i])^2$ 满足四边不等式和区间包含关系单调性，所以 dp[i][j]也满足四边不等式。

3）决策单调性

最优决策 s[i][j]指使 dp[i][j]取得最小值的 k。根据定理 2，若 dp[i][j]满足四边不等式，则最优决策 s[i][j]具有单调性。由 dp[i][j]满足四边形不等式，可以推出 s[i][j]的单调性，即

$$s[i][j-1] \leq s[i][j] \leq s[i+1][j], i \leq j$$

所以当 dp[i][j]满足四边形不等式时，s[i][j]具有单调性，可以用四边不等式优化。在求解 dp[i][j]时，枚举的决策范围为 $0 \leq k < i$，进行四边不等式优化后，枚举的决策范围为 $s[i][j-1] \leq k' \leq s[i+1][j]$，时间复杂度由 $O(mn^2)$ 降为 $O(mn)$，但该算法中的常数较大。

2. 算法实现

```
void solve(){
    for(int i=1;i<=n;i++){
        dp[i][1]=(a[i]-a[1])*(a[i]-a[1]);
        s[i][1]=1;
    }
    for(int j=2;j<=m;j++){
        dp[j][j]=0;
        s[n+1][j]=n;
        for(int i=n;i>j;i--){//逆序求解，因为要先得到s[i][j-1]~s[i+1][j]
            dp[i][j]=INF;
            for(int k=s[i][j-1];k<=s[i+1][j];k++){
```

```
        if(dp[i][j]>dp[k][j-1]+(a[i]-a[k+1])*(a[i]-a[k+1])){
            dp[i][j]=dp[k][j-1]+(a[i]-a[k+1])*(a[i]-a[k+1]);
            s[i][j]=k;
        }
    }
    }
    }
}
```

反侵权盗版声明

电子工业出版社依法对本作品享有专有出版权。任何未经权利人书面许可，复制、销售或通过信息网络传播本作品的行为；歪曲、篡改、剽窃本作品的行为，均违反《中华人民共和国著作权法》，其行为人应承担相应的民事责任和行政责任，构成犯罪的，将被依法追究刑事责任。

为了维护市场秩序，保护权利人的合法权益，我社将依法查处和打击侵权盗版的单位和个人。欢迎社会各界人士积极举报侵权盗版行为，本社将奖励举报有功人员，并保证举报人的信息不被泄露。

举报电话：（010）88254396；（010）88258888

传　　真：（010）88254397

E-mail：　dbqq@phei.com.cn

通信地址：北京市万寿路 173 信箱

　　　　　电子工业出版社总编办公室

邮　　编：100036